职业教育人工智能技术应用专业系列教材

自然语言处理技术与应用

组　　编　国基北盛（南京）科技发展有限公司
主　　编　丁爱萍　张卫婷　余云峰
副主编　于　倩　屈　毅　曹建春　张传勇
参　　编　王春莲　张　震　王　妍　李永亮　刘信杰

机械工业出版社

本书从自然语言处理初学者的视角出发，以 Python 及其相关框架为工具，以实战为导向，系统讲述了中文自然语言处理中的基本概念、理论方法和经典算法，既有对基础知识和理论模型的介绍，也有对相关问题的实现方法和技术现状的详细阐述。通过使用 NLP 中流行的 jieba、LTP、HanLP、NLTK 等工具库解决案例中的问题，使读者既能理解问题背后的原理，又能学习解决实际问题的思路和方法，提高使用自然语言处理方法来解决实际问题的能力。

本书可以作为各类职业院校人工智能技术应用及相关专业的教材，也可以作为自然语言处理初学者的入门参考书。

本书配有电子课件等教学资源，选用本书作为授课教材的教师可登录机械工业出版社教育服务网（www.cmpedu.com）注册后免费下载，或联系编辑（010-88379807）咨询。

图书在版编目（CIP）数据

自然语言处理技术与应用／国基北盛（南京）科技发展有限公司组编；丁爱萍，张卫婷，余云峰主编. —北京：机械工业出版社，2022.8（2025.2重印）

职业教育人工智能技术应用专业系列教材

ISBN 978-7-111-71429-3

Ⅰ.①自…　Ⅱ.①国…②丁…③张…④余…　Ⅲ.①自然语言处理-职业教育-教材　Ⅳ.①TP391

中国版本图书馆 CIP 数据核字（2022）第 151672 号

机械工业出版社（北京市百万庄大街 22 号　邮政编码 100037）
策划编辑：李绍坤　　　　　　责任编辑：李绍坤　张星瑶
责任校对：肖　琳　王　延　　封面设计：马精明
责任印制：常天培
北京机工印刷厂有限公司印刷
2025 年 2 月第 1 版第 4 次印刷
184mm×260mm · 15.25 印张 · 320 千字
标准书号：ISBN 978-7-111-71429-3
定价：49.50 元

电话服务　　　　　　　　　网络服务
客服电话：010-88361066　　机　工　官　网：www.cmpbook.com
　　　　　010-88379833　　机　工　官　博：weibo.com/cmp1952
　　　　　010-68326294　　金　书　网：www.golden-book.com
封底无防伪标均为盗版　　　机工教育服务网：www.cmpedu.com

前　言

自然语言处理（Natural Language Processing，NLP）是人工智能领域的重要分支，是一门集语言、数学、计算机科学和认知科学等于一体的综合性交叉学科。随着人工智能的迅猛发展，自然语言处理技术的应用需求急剧增加，人们迫切需要实用的自然语言处理技术来为人机之间的信息交流提供便捷、自然、有效的人性化服务，同时，自然语言处理领域吸引了越来越多的优秀人才投身其中。但是自然语言处理中还有若干科学问题和技术难题尚未得到解决，有待来自不同领域的学者深入研究和探索。

中文自然语言处理所面临的困难既有其他自然语言处理会遇到的共性问题，例如生词识别、歧义消减等，也有中文处理特有的问题，例如中文分词等。因此，中文自然语言处理更具有挑战性。

本书是中文自然语言处理领域的入门教程，在内容选材上尽量涵盖了中文自然语言处理的基础知识，从初学者的角度深入浅出地介绍了自然语言处理的基本概念、基础知识以及常用的理论方法和经典算法，通过生动的示例说明、简洁的理论讲解和典型的应用案例，帮助学生快速理解并掌握自然语言处理的知识体系。

本书共 10 个单元，单元 1 介绍了自然语言处理的相关概念、基础知识、Python 工具包以及正则表达式等；单元 2 和单元 3 介绍了自然语言处理的词法层面技术，具体包括中文分词、词性标注和命名实体识别；单元 4 介绍了自然语言处理的句法分析技术；单元 5 介绍了自然语言处理中常用的一些深度学习算法；单元 6 介绍了常用的向量化方法；单元 7 ~单元 10 通过综合案例讲解了自然语言处理的具体处理过程。

本书内容适合 64 学时，教学建议如下：

单元	名称	建议学时
单元 1	自然语言处理基础	3
单元 2	中文分词	3
单元 3	词性标注和命名实体识别	4
单元 4	句法分析	6

（续）

单元	名称	建议学时
单元 5	NLP 中的深度学习	8
单元 6	文本向量化	6
单元 7	关键词提取	10
单元 8	文本分类	6
单元 9	文本情感分析	12
单元 10	聊天机器人	6

本书由国基北盛（南京）科技发展有限公司组编，由丁爱萍、张卫婷、余云峰任主编，由于倩、屈毅、曹建春、张传勇任副主编，参与编写的还有王春莲、张震、王妍、李永亮、刘信杰。

由于编者水平有限，书中难免存在疏漏和不足之处，恳请读者批评指正。

编　者

目　　录

Unit1

自然语言处理基础

单元概述

自然语言是人类社会发展过程中自然产生的语言，例如汉语、英语等，区别于逻辑语言，例如 C、Java、Python 等。自然语言是人类交流和思维的主要工具，是人类智慧的结晶，目前人类的绝大部分知识也是以语言文字的形式记载和流传下来的。

自然语言处理（Natural Language Processing，NLP）就是用来研究如何使用计算机处理、理解和运用人类语言，使人与计算机之间进行有效通信的技术。NLP 是人工智能领域的一个重要分支，现在已经发展为人工智能研究中的热点方向。由于自然语言文本和对话在各个层次上广泛存在各种各样的歧义性和多义性，所以自然语言处理过程较为困难。

在本单元中，主要介绍自然语言处理相关的基础知识。

学习目标

知识目标
- 了解自然语言处理的概念、发展历程和应用；
- 掌握 Python 文件打开和关闭的基本操作；
- 掌握文件读取的方式和对应函数的写法；
- 掌握转义字符的使用；
- 掌握 Python 正则表达式包的使用。

技能目标
- 能够安装配置 Python 开发环境——Anaconda；
- 能够编写文件读取的程序；
- 能够导入并使用正则表达式包。

1.1　什么是自然语言处理

1. 自然语言处理的概念

自然语言处理是计算机科学领域以及人工智能领域的一个重要的研究方向。自然语言处理指的是利用计算机等工具对人类特有的语言信息（包括口语信息和文字信息）进行自动计算处理，是机器语言和人类语言沟通的桥梁，可以用于实现人机交流。

自然语言处理有两个核心任务，自然语言理解（Natural Language Understanding，NLU）和自然语言生成（Natural Language Generation，NLG）。自然语言理解简单来说就是希望计算机可以理解自然语言，例如理解语言、文本等，从中提取有用的信息。自然语言生成指的是可以根据提供的数据、文本、图表、音频、视频等，生成人类可以理解的自然语言形式的文本。

2. 自然语言处理的研究任务

自然语言处理可以用于很多领域，这里总结了几种较为经典的应用。

1）机器翻译（Machine Translation，MT）：将一种语言自动翻译为另一种语言。

2）问答系统（Question Answering System，QAS）：通过计算机系统对用户提出的问题进行理解，并利用自动推理等手段，在有关知识资源中自动求解答案并做出相应的回答。

3）对话系统（Dialogue System，DS）：通过计算机系统能够与用户进行聊天对话，从对话中捕获用户的意图并分析执行。将问答系统与语言技术和多模态输入、输出技术以及人机交互等技术相结合，构成了人机对话系统。

4）文本摘要（Text Summarization）：将原文档的主要内容和含义自动归纳、提炼出来，形成能够准确全面反映文档的中心内容摘要或者缩写。

5）文本分类（Text Categorization）：按照一定的分类标准对文档进行分类。

6）情感分析（Sentiment Classification）：判断主观性文本的态度，属于文本分类的一种。

7）舆论分析（Public Opinion analysis）：分析哪些话题是目前的热点，分析传播路径及发展趋势，可以用于对不好的舆论导向进行有效的控制。

8）知识图谱（Knowledge Graph）：显示知识发展与结构关系的一系列不同的图形，用可视化技术描述知识资源及其载体，挖掘、分析、构建、绘制和显示知识及它们之间的相互联系。

1.2 自然语言处理的发展历程

自然语言处理的发展大致分为3个阶段：19世纪早期、20世纪70年代和21世纪。

19世纪早期的自然语言处理方法主要是基于规则的方法。在构建规则的过程中需要大量的语言学知识，同时不同语言的识别规则不尽相同，需要谨慎处理规则之间的冲突问题。除此之外，构建规则的过程耗时费力，不同行业和语言的规则可移植性差。

到 20 世纪 70 年代，人们开始意识到规则无法很好地处理语言的灵活性和多变性。因此，自然语言处理的主流方法从基于规则的方法转变为基于统计机器学习方法，以有监督学习的线性模型为主导，核心算法有感知机、线性支持向量机、逻辑回归等。基于统计机器学习的自然语言处理取得了较好的结果，但也有一定的不足，例如对语料库的依赖性很强，传统的算法都是在非常高维和稀疏的特征向量上进行训练的，但计算机并不擅长处理高维稀疏的向量。

到 21 世纪，自然语言处理有了突飞猛进的变化。一方面，深度学习可以将原始数据通过一些简单非线性的模型转变为更高层次、更抽象表达的特征学习方法；另一方面，循环神经网络可以较容易处理任意长度的序列数据，并生成有效的特征提取器。这些进展使得语言模型、自动翻译以及其他的一些应用快速发展，目前，相关技术也被成功应用到商业化平台中。

1.3　自然语言处理的三个层面

自然语言处理中的句子级别的分析技术，可以大致分为词法分析、句法分析、语义分析三个层面，如图 1-1 所示。

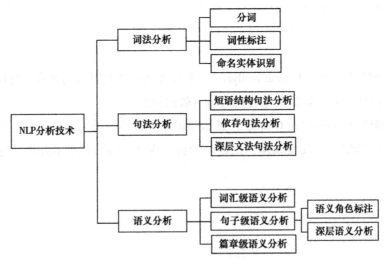

图 1-1　NLP 的三个层面

1. 词法分析

第一层面的词法分析主要包括汉语分词、词性标注和命名实体识别三个部分。和英文等语言不同，汉语之间没有明显的空格标记，文本中的句子以字串的形式出现。因此，汉语自然语言处理的首要工作就是要将输入的字串切分为单独的词语，然后在此基础上进行其他分析，这一步骤称为分词（Word Segmentation）。

除了分词，词性标注也属于词法分析的一部分。给定一个分好词的句子，为每一个词赋予一个词性，这里的词性指名词、动词、形容词、副词等，这个过程称为词性标注（Part-Of-Speech tagging，POS tagging）。一般来说，属于相同词性的词，在句法中具有相似的位置，也承担着类似的角色。

在词性标注后，通常还会进行命名实体识别（Named Entities Recognition，NER），其目的在于识别语料中的人名、地名、组织机构名等命名实体。由于这些命名实体数量众多，无法在词典中全部列出，且这些命名实体的构成方法具有一定的规律性，因此通常会将这些词的识别在词法分析任务中独立处理。

词法分析主要面临如下几个问题：

1）词的定义和生词问题：什么是词？词的定义标准是什么？这在语言学界和计算语言学界争论多年，但到目前为止还没有一个统一的标准。由于汉语构词非常灵活，特别是在互联网时代，外来语、新词、流行词语不断出现，不存在一个绝对统一的构词标准和分词规范。汉语的词是开放、动态的，不可能用一部静态词典包含所有的词。所以，用来描述生词和构词法的模型是非常重要的。

2）分词歧义问题：分词歧义是指在一个句子中，一个字串可以有不同的切分方法。例如，"下雨天留客天留我不留"，可以切分为"下雨天留客，天留我不留"，也可以切分为"下雨天留客天，留我不？留"。即使给定词的定义标准和一部覆盖面很广的词典，分词歧义问题也非常难解决，需要上下文语义知识的帮助。分词歧义和生词问题交叉在一起，就变得更加复杂。

3）词性定义和词性兼类问题：词性类别远比词的个数要少，但词性的定义也不完全存在一个统一的信息处理用的国内和国际标准。词性兼类问题是词性标注面临的主要问题，需要更高层次的上下文信息来解决。

2. 句法分析

第二个层面的句法分析指对输入的文本句子进行分析，最终得到句子的句法结构的处理过程。对句法结构进行分析，一方面是语言理解的自身需求，另一方面也为其他自然语言处理任务提供支持。例如句法驱动的统计机器翻译需要对源语言或目标语言（或者同时两种语言）进行句法分析；语义分析通常以句法分析的输出结果作为输入以便获得更多指示信息。根据句法结构的表示形式不同，最常见的句法分析任务可以分为以下三种：

1）短语结构句法分析。该任务也被称作成分句法分析（Constituent Syntactic Parsing），作用是识别出句子中的短语结构以及短语之间的层次句法关系。

2）依存句法分析（Dependency Syntactic Parsing）。该任务的作用是识别句子中词汇与词汇之间的相互依存关系。

3）深层文法句法分析。该任务即利用深层文法对句子进行深层的句法以及语义分析。

上述三种句法分析任务中，依存句法分析属于浅层句法分析。其实现过程相对简单，比较适合在多语言环境下的应用，但所能提供的信息也相对较少。深层文法句法分析可以提供丰富的句法和语义信息，但是采用的文法相对复杂，分析器的运行复杂度也较高，这使得它在当前不适合处理大规模数据。短语结构句法分析的复杂度和提供的信息都介于依存句法分析和深层文法句法分析之间。

句法分析主要面临如下四个关键问题：

1）模型定义问题：如何为各候选句法树打分。由于符合语法规则的句法树数目非常多，因此要对每棵树进行评估，计算它的分值。分值高低体现了该树是正确树的可能性大小。本项内容是研究如何将句法树的分值分解为一些子结构的分值。

2）特征表示问题：如何表示句法树。在模型定义中，句法树已经被分解成一些子结构。这些子结构如何被机器学习模型所识别，也就是特征表示问题。本项内容是研究采用哪些特征来表示每一部分的子结构。

3）解码问题：如何寻找概率（或分值）最高的句法树。在给定所有子树的分值后，通过组合可以得到数目众多的不同分值树，搜索空间较大，无法通过简单比较得到分值最高的结果。本项内容是研究如何设计有效算法高效地搜索到分值最高的句法树。

4）训练算法问题：如何获取特征的权重值。在句法分析中通常有数以千万计的特征，这些特征的重要性存在差异，因此需要为特征匹配一个体现特征重要性的权重值。本项内容主要是研究如何使用机器学习模型来有效学习特征权重。

3. 语义分析

自然语言处理的第三个层面是语义分析（Semantic Parsing）。语义分析的最终目的是理解句子表达的真实语义。但是，语义到底应该采用什么样的表示形式，到目前依然没有统一的答案。语义角色标注是目前比较成熟的浅层语义分析技术。基于逻辑表达的语义分析也受到了学术界的大量关注。

基于对机器学习模型复杂度、效率的考虑，自然语言处理系统通常采用级联的方式，即分词、词性标注、句法分析、语义分析分别训练模型。在实际使用时，给定输入句子，逐一使用各个模块进行分析，最终得到所有结果。近年来，随着研究工作的深入，研究者们提出了很多有效的联合模型，将多个任务联合学习和解码，如分词词性联合、词性句法联合、分词词性句法联合、句法语义联合等。联合模型可以让多个任务之间相互帮助，而且对于单个任务来说，可参考的人工标注信息也更多，因此联合模型通常都可以显著提高分析质量。但联合模型的复杂度更高，速度也更慢。

1.4　Python 开发环境——Anaconda

在学习 NLP 的过程中，本书的编程语言选用了 Python。相对于其他编程语言，Python 具有以下优势：

1）Python 提供了大量的自然语言处理库。

2）编程语法相对简单。

3）具有很多数学科学相关的库。

对于初学者，推荐使用 Anaconda，使用较为简单，而且涵盖了大部分学习过程中需要的库。

Anaconda 是一个用于科学计算的 Python 发行版，支持 Linux、Mac、Windows 系统，它提供了包管理与环境管理的功能，可以很方便地解决多版本 Python 并存、切换以及各种第三方包安装问题。Anaconda 能够轻松安装经常使用的程序包，同时可以使用它创建多个虚拟环境，以便轻松处理多个项目。Anaconda 简化了工作流程，并且解决了多个包和 Python 版本之间遇到的大量问题。

使用 Anaconda 自带的命令 Conda 来管理包和环境，能够减少在处理数据过程中使用各种库和版本时遇到的问题。Conda 与 pip 类似，只不过 Conda 的可用包专注于数据科学，而 pip 应用广泛。但是 Conda 并不像 pip 只能安装 Python 包，也可以安装非 Python 包，它可以是任何堆栈的包管理器。但不是所有的 Python 库都可以从 Anaconda 发行版和 Conda 获得。在安装软件包的时候可以同时使用 pip 和 Conda。

Conda 的其中一个功能是包和环境管理器，用于在计算机上安装库和其他软件。Conda 只能通过命令行来使用。安装了 Anaconda 之后，管理包是相当简单的。要安装包，在终端输入 conda install package_name 。也可以同时安装多个包，使用命令 conda install package_name1 package_name2 package_name3。还可以通过添加版本号（例如 conda install numpy = 1.10）来指定所需的包版本。Conda 还会自动安装依赖项。例如，scipy 依赖于 Numpy，如果只安装 scipy，则 Conda 还会安装 Numpy。

要卸载包，使用命令 conda remove package_name；更新包，使用命令 conda update package_name。如果想要更新环境中的所有包，使用命令 conda update - all。如果想要查看当前环境中的已安装包，使用命令 conda list。除此之外，如果不知道要查找的包的确切名称，可以尝试使用 conda search 来进行搜索。

除了管理包之外，Conda 还是虚拟环境管理器。环境可以用于分隔不同项目的包。例如，两个项目依赖于某个库的不同版本，那么就可以为每个版本创建一个环境，然后在对应的环境中工作，这些环境之间相互独立，互不干扰。

在自然语言处理中需要使用大量的安装包，使用 Anaconda 可以简化管理包的流程。

下载 Anaconda 之后按照默认提示图形化安装即可，安装完毕后可以通过两种方式启动

Anaconda 的 Notebook。

1）在 Windows 开始菜单里面找到 Anaconda，如图 1-2 所示，然后单击 Anaconda Prompt，输入 Jupyter Notebook 启动，或者直接单击 Jupyter Notebook，如图 1-3 所示。

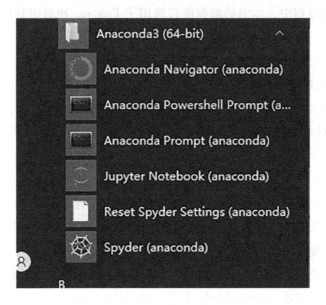

图 1-2　Anaconda 安装成功界面

图 1-3　启动 Jupyter Notebook

2）在工作目录下，按住 < shift > 键右击，选择"在此处打开 Powershell 窗口"，输入 Jupyter Notebook 启动，如图 1-4 所示。

图1-4　在此处打开 Powershell 窗口

启动之后，浏览器会出现图 1-5 所示画面。

图1-5　Jupyter Notebook 界面

单击图 1-5 中右上角菜单 New→Python3 新建一个编写代码的页面。在网页窗口中的 "In" 区域输入代码，按 < Shift + Enter > 组合键运行，如图 1-6 所示。

图1-6　新建 Python 文件

1.5　能力提升训练——使用 Python 正则表达式包

1. 训练目标

1）掌握 Python 文件打开和关闭的基本操作。

2）掌握文件读取的方式和对应函数的写法。

3）掌握 Python 正则表达式包 re 的使用。

2. 案例分析

随着互联网的发展，大量的信息以电子文档方式呈现在人们面前。自然语言处理的语料一部分是文本格式的文档，另外一部分是对互联网信息的抽取。文本格式的文档多来源于人为编写或系统生成，而互联网具有很强的开发价值，具有时效性高、信息量大、结构稳定、价值高等特点，其中包含了非结构化文本、半结构化文本以及结构化文本。正则表达式是一种定义了搜索模式的特征序列，主要用于字符串的匹配或模式匹配。正则表达式的作用之一就是将这些文档内容从非结构化转为结构化以便后续的文本挖掘。

在处理大量文本片段时，有非常多的文字信息与最终输出的文本无关，这些无关的片段被称为"噪声"。正则表达式的另外一个作用就是"去噪"，也就是去除这些无关的片段。

正则表达式是处理 NLP 的最基本的手段之一。正则表达式可以从格式复杂的文本中抽取所需格式的文本进行学习。例如，抽取以下文本中的年份，但每一行的格式均不同，因此没有办法使用 Python 提供的字符串方法来抽取，这时候通常会考虑使用正则表达式。

——"July 15，2020"

——"15/07/2020"

——"2020. 7. 15"

3. 实施步骤

（1）文件的打开和关闭

open 函数常用形式：

```
open(name[,mode])
```

参数说明：

name：所要访问的文件路径（相对路径或绝对路径）。

mode：文件打开模式：只读、写入、追加等。mode 参数及其含义见表 1-1。这个参数是可选的，默认文件访问模式为只读（r）。

表 1-1　文件打开模式

模式	描述
r	以只读方式打开文件，文件的指针会放在文件的开头。如果该文件不存在，则报错。也是默认的文件打开模式
rb	以二进制格式打开一个文件，只读，文件指针将会放在文件的开头。如果该文件不存在，则报错
r +	打开一个文件用于读写，文件指针将会放在文件的开头。如果该文件不存在，则报错
rb +	以二进制格式打开一个文件用于读写，文件指针将会放在文件的开头。如果该文件不存在，则报错
w	打开一个文件只用于写入。如果该文件已存在则打开文件，并从开头开始编辑，这里需要注意的是原有内容会被删除。如果该文件不存在，则创建新文件
wb	以二进制格式打开一个文件只用于写入。如果该文件已存在则打开文件，并从开头开始编辑，原有内容会被删除。如果该文件不存在，则创建新文件
w +	打开一个文件用于读写。如果该文件已存在则打开文件，并从开头开始编辑，原有内容会被删除。如果该文件不存在，则创建新文件
wb +	以二进制格式打开一个文件用于读写。如果该文件已存在则打开文件，并从开头开始编辑，原有内容会被删除。如果该文件不存在，则创建新文件
a	打开一个文件用于追加。如果该文件已存在，文件指针将会放在文件的结尾，也就是说，新的内容将会被写入到已有内容之后。如果该文件不存在，则创建新文件并写入
ab	以二进制格式打开一个文件用于追加。如果该文件已存在，文件指针将会放在文件的结尾。也就是说，新的内容将会被写入到已有内容之后。如果该文件不存在，则创建新文件并写入

（续）

模式	描述
a +	打开一个文件用于读写。如果该文件已存在，文件指针将会放在文件的结尾，文件打开时会是追加模式。如果该文件不存在，则创建新文件用于读写
ab +	以二进制格式打开一个文件用于追加。如果该文件已存在，则文件指针将会放在文件的结尾。如果该文件不存在，则创建新文件用于读写

文件对象的方法和描述见表 1-2。

表 1-2　文件对象的方法和描述

方法	描述
file. read(［size］)	从文件读取指定的字节数，如果 size 未给定或给定负值，则读取整个文件
file. readline( )	读取一行内容，包括"\ n"字符
file. readlines(［size］)	读取所有行并返回列表，如果给定 size 大于 0，则设置一次读取多少行
file. write(str)	将字符串写入文件，如果要写入字符串以外的数据，则先将其转换为字符串
file. tell( )	返回一个整数，表示当前文件指针的位置（就是到文件头的字节数）
f. close( )	关闭文件

在使用"只读"模式打开文件时需要注意，如果文件不存在，则 open（）函数就会抛出一个 IOError 的错误，并且给出错误码和详细的信息。示例代码如下：

```
> > >f = open('不存在 . txt', 'r')
Traceback (most recent call last)：
    file " < pyshell#9 > ", line 1, in < module >
      f = open('不存在 . txt', 'r')
fileNotFoundError：［Errno 2］No such file or directory：'不存在 . txt'
```

文件使用完毕后必须调用 close（）方法关闭文件。因为文件对象会占用操作系统的资源，并且操作系统同一时间能够打开的文件数量也是有限的。

由于文件读写时，有可能会出现 IOError 异常，一旦出错，后面的 f. close（）就不会调用。所以为了保证无论是否出错都能正确地关闭文件，可以使用 try … finally 来实现，示例代码如下：

```
try：
    f = open('file. txt')
except IOError as e：
    print(e)
else：
    print('wrong')
finally：
    if f：
        f. close()
```

Python 引入了 with 方法自动调用 close () 方法。示例代码如下：

```
with open('a. txt','r') as    f：
    data = f. read()
```

with 方法和 try … finally 是一样的，而且代码更加简洁，且不需要手动调用 f. close ()
方法。

（2）字符串运算

字符串是 Python 中最常用的数据类型，可以使用单引号或者双引号来创建字符串。

Python 不支持单字符类型，单字符在 Python 中也是作为一个字符串来使用。在 Python
中，可以使用方括号来截取字符串。常用的字符串运算操作符及其具体含义见表1-3。

表1-3 Python 字符串运算

操作符	描述
+	字符串连接
*	重复输出字符串
[]	通过索引获取字符串中的字符
[:]	截取字符串中的一部分
in	成员运算符，如果字符串中包含给定的字符则返回 True
not in	成员运算符，如果字符串中不包含给定的字符则返回 True
r/R	原始字符串指所有的字符串都是直接按照字面的意思来使用，没有转义特殊或不能打印的字符。原始字符串只需要在字符串的第一个引号前加上字母"r"（或" R"），其他的与普通字符串的语法几乎都完全相同
%	格式化字符串

字符串运算的示例代码如下：

```
a = " Hello"
b = " Python"

#字符串连接
print("a + b 输出结果:", a + b)

#重复输出字符串
print("a * 2 输出结果:", a * 2)

#字符串截取
print("a[1] 输出结果:", a[1])
print("a[1:4] 输出结果:", a[1:4])

#成员运算符
if( "H" in a) :
    print("H 在变量 a 中")
else :
    print("H 不在变量 a 中")

if( "M" not in a) :
    print("M 不在变量 a 中")
else :
    print("M 在变量 a 中")

#原始字符串
print('\n')
print ( r'\n')
print ( R'\n')
```

运行上述程序，输出结果如下：

```
a + b 输出结果: HelloPython
a * 2 输出结果: HelloHello
a[1] 输出结果: e
```

```
        a[1:4] 输出结果：ell
        H 在变量 a 中
        M 不在变量 a 中


        \n

        \n
```

在 Python 可以使用 split 来对字符串进行分割。

字符串的拆分：

```
s = 'one, two, three'
s. split(',')
```

字符串的合并：

```
l = ['one', 'two', 'three']
','. join(l)
```

在 Python 中可以进行字符串的替换。字符串的替换有两种方法，方法一为使用 str 对象自带的 replace () 方法，方法二为使用 Python 正则表达式 re 模块的 sub () 函数来实现。

replace 语法：

```
str. replace(old, new[, max])
```

参数说明：

old：将被替换的子字符串。

new：新字符串，用于替换 old 子字符串。

max：可选字符串，替换不超过 max 次。

```
old = 'Hello word! '
new = old. replace('word','python')
print(new)
```

sub 函数语法：

```
re. sub(pattern, repl, string, count = 0)
```

参数说明：

pattern：正则中的模式字符串。

repl：替换的字符串，也可为一个函数。

string：要被查找替换的原始字符串。

count：模式匹配后替换的最大次数，默认为 0，表示替换所有的匹配。

```
import re
old = 'Hello word！'
new = re. sub('word','python',old)
print(new)
```

（3）转义字符

当需要在字符串中使用特殊字符时，Python 用反斜杠（\）作为转义字符，常用的转义字符及其描述见表 1-4。

表 1-4　转义字符及其描述

转义字符	描述
\　（在行尾）	续行符
\ \	反斜杠符号
\ '	单引号
\ "	双引号
\ a	响铃
\ b	退格（Backspace）
\ e	转义
00	空
\ n	换行
\ v	纵向制表符
\ t	横向制表符
\ r	回车
\ f	换页
\ oyy	八进制数，yy 代表的字符，例如：\ o12 代表换行
\ xyy	十六进制数，yy 代表的字符，例如：\ x0a 代表换行
\ other	其他字符以普通格式输出

（4）re 模块

在 Python 中，可以使用 re 模块来实现正则表达式。

re. match 尝试从字符串的起始位置匹配一个模式，如果起始位置匹配不成功的话，就返回 none。

```
re. match(regex，string)
```

参数说明：

regex：匹配的正则表达式。

string：要匹配的字符串。

```
import re
print( re. match('www', 'www. runoob. com'). span())    #在起始位置匹配
print( re. match('com', 'www. runoob. com'))    #不在起始位置匹配
```

re. search 扫描整个字符串并返回第一个成功匹配的字符串。

```
re. search( regex, string)
```

参数说明：

regex：匹配的正则表达式。

string：要匹配的字符串。

```
import re
print( re. search('www', 'www. runoob. com'). span())    #在起始位置匹配
print( re. search('com', 'www. runoob. com'). span())    #不在起始位置匹配
```

re. match 从第一个字符开始匹配，如果字符串不符合正则表达式，则匹配失败，函数返回 None；而 re. search 匹配整个字符串，直到匹配成功或整个字符串均无法匹配为止。

示例：获取包含"自然语言处理"的句子

```
import re
regex = '自然语言处理'
text_string = 'NLP( Natural Language Processing,自然语言处理)是计算机科学领域以
及人工智能领域的一个重要的研究方向。NLP 指的是对人类语言进行自动的计算
处理,是在机器语言和人类语言之间沟通的桥梁,以实现人机交流的目的。自然语
言处理有两个核心任务,一个是自然语言理解,另外一个是自然语言生成。自然语
言理解是希望计算机可以理解自然语言,简单来说,就是理解语言、文本等,提取出
有用的信息。自然语言生成根据提供的数据、文本、图表、音频、视频等,生成人类可
以理解的自然语言形式的文本。'
lines = text_string. split('。')
for line in lines：
    if re. search( regex, line) is not None：
        print( line)
```

运行上述程序，输出结果如下：

> NLP(Natural Language Processing,自然语言处理)是计算机科学领域以及人工智能领域的一个重要的研究方向
>
> 自然语言处理有两个核心任务，一个是自然语言理解，另外一个是自然语言生成

在正则表达式中，有一些保留的特殊符号用于处理一些常用逻辑，详细见表1-5。

表1-5　特殊符号

符号	含义
.	匹配除换行符外的任意一个字符
^	匹配开始的字符
$	匹配结束的字符
[ ]	匹配多个字符
[^]	匹配不在 [ ] 中的字符
*	匹配一个字符串 0 次或者无限次
+	匹配一个字符串 1 次或无限次
?	匹配一个字符串 0 次或 1 次
{m}	匹配一个字符串 m 次
{n,}	匹配一个字符串至少 n 次
{m, n}	匹配一个字符串 m 到 n 次
\ s	匹配空白字符
\ w	匹配任意字母、数字、下划线
\ W	匹配除字母、数字、下划线以外的任意字符
\ d	匹配数字 0 到 9
\ D	匹配数字以外的任意字符

特殊符号的使用：

```
import re
regex1 = 'a. . '   #匹配包含'a. . '的字符串
regex2 = '^a'   #匹配以'a'开头的字符串
regex3 = 'c $ '   #匹配以'c'结尾的字符串
```

```
        regex4 = '[ab]'  #匹配包含'a'或'b'的字符串

text_string = '!  a a b c ab bc ac abc abcd'
lines = text_string. split(' ')
print("匹配包含'a. .'的字符串")
for line in lines：
    if re. search(regex1, line) is not None：
        print(line, end = ' ')
print('\n', "匹配以'a'开头的字符串")
for line in lines：
    if re. search(regex2, line) is not None：
        print(line, end = ' ')
print('\n', "匹配以'c'结尾的字符串")
for line in lines：
    if re. search(regex3, line) is not None：
        print(line, end = ' ')
print('\n', "匹配包含'a'或'b'的字符串")
for line in lines：
    if re. search(regex4, line) is not None：
        print(line, end = ' ')
```

运行上述程序，输出结果如下：

```
匹配包含'a. .'的字符串
abc abcd
匹配以'a'开头的字符串
a ab ac abc abcd
匹配以'c'结尾的字符串
c bc ac abc
匹配包含'a'或'b'的字符串
!  a a b ab bc ac abc abcd
```

在正则表达式中，"[0-9]"表示从 0 到 9 的所有数字，"[a-z]"表示 a 到 z 的所有小写字母，对应的"[A-Z]"表示 A 到 Z 的所有大写字母。

示例：匹配年份

```
import re
strings = ['born in 1995', 'There are 5280 feet to a mile', 'Happy new year 2020！']
for string in strings：
    if re.search('[1-2][0-9]{3}', string)：  #[0-9]{3}表示重复之前的[0-9]三次,即
[0-9][0-9][0-9]
        print(string)
```

运行上述程序,输出结果如下：

```
born in 1995
Happy new year 2020！
```

在使用 search () 进行匹配时,只能返回第一个成功匹配的字符串。而 re 模块的另外一个方法 findall () 可以返回所有成功匹配的字符串,示例代码如下：

```
re.match('[a-z]', 'abcd1234').group()
```

运行上述程序,输出结果为'a'。

```
re.findall('[a-z]', 'abcd1234')
```

运行上述程序,输出结果为 ['a', 'b', 'c', 'd']。

示例：中文分句,将一段话或与一个文档通过"。""？""！"等符号分开。
方法一：使用 Python 进行分句。

```
def cut_sentences(content)：
    #结束符号,包含中文和英文的
    end_flag = ['？', '！', '。', '…','.']
    content_len = len(content)
    sentences = []
    tmp_char = ''
    for idx, char in enumerate(content)：
        #拼接字符
        tmp_char += char
        #判断是否已经到了最后一位
        if (idx+1) == content_len：
```

```
            sentences. append( tmp_char)
            break
        #判断此字符是否为结束符号
        if char in end_flag:
            next_idx = idx + 1
            if content[ next_idx] == '"':    #如果前面一个位置是结束符号,后一个
位置是",则分句时,将'"'放在前一句话
                tmp_char += content[ next_idx]
            if content[ next_idx] not in end_flag:
            #再判断下一个字符是否为结束符号,如果不是结束符号,则切分句子
                if tmp_char[0] == '"':    #去掉第一个位置的双引号
```

```
                tmp_char = tmp_char[1:]
                sentences. append( tmp_char)
                tmp_char = "
    return sentences


content = "句号。问号? 叹号! "双引号。"英文省略号... 汉语省略号……"
sentences = cut_sentences( content)
print('\n'. join( sentences))
```

运行上述程序,输出结果如下:

```
句号。
问号?
叹号!
"双引号。"
英文省略号...
汉语省略号……
```

方法二:使用正则表达式。

```
import re
def cut_sent( para):
    para = re. sub('([。!? \?])([^"'])', r"\1\n\2", para)    #单字符断句符
```

```
para = re. sub('( \. {6} ) ( [ ^"' ] )', r" \1 \n \2 " , para)    #英文省略号
para = re. sub('( \···{2} ) ( [ ^"' ] )', r" \1 \n \2 " , para)    #中文省略号
para = re. sub('( [。!? \?] [ "' ] ) ( [ ^, 。!? \?] )', r'\1 \n \2' , para)
#如果双引号前有终止符,那么双引号才是句子的终点,把分句符\n 放到双引
号后,注意前面的几句都保留了双引号
para = para. rstrip()    #段尾如果有多余的\n 就去掉它
return para. split( " \n " )


content = " 逗号,句号。问号?叹号!"双引号。"英文省略号... 汉语省略号……"
sentences = cut_sent( content)
print( '\n'. join( sentences) )
```

运行上述程序,输出结果如下:

```
逗号,句号。
问号?
叹号!
"双引号。"
英文省略号...
汉语省略号……
```

单元小结

本单元是学习自然语言处理的第一步,通过本单元的学习,学生需要了解自然语言处理的概念,对其主要研究任务要有所了解,同时需要安装好 Python 的开发环境——Anaconda,并熟悉 Python 文件打开、字符串运算、转义字符和正则表达式包 re 模块等基本内容,为后续的学习打好基础。

学习评估

课程名称：自然语言处理基础			
学习任务：使用 Python 正则表达式包			
课程性质：理实一体课程		综合得分：	

知识掌握情况评分（45 分）

序号	知识考核点	配分	得分
1	自然语言处理的概念、发展历程和应用	5	
2	Python 文件打开和关闭的基本操作	10	
3	文件读取的方式和对应函数的写法	10	
4	转义字符的使用	10	
5	Python 正则表达式包的使用	10	

工作任务完成情况评分（55 分）

序号	能力操作考核点	配分	得分
1	安装 Anaconda	20	
2	编写文件读取的程序	10	
3	导入并使用正则表达式包	25	

课后习题

1. 将下面内容写入文件中：

   百度的网页地址为：https：//www.baidu.com，新浪的网页地址为：https：//www.sina.com.cn。

2. 读取习题1文件的内容，提取其中的网络地址。

   提示：使用正则表达式包。

Unit 2

中文分词

单元概述

分词是自然语言处理的基础，分词的准确度会直接影响之后的词性标注、句法分析、词向量以及文本分析的质量。英文语句使用空格分隔单词，除了部分特定词或词组，大部分情况下不需要考虑分词问题。中文没有分隔符，因此在处理中文文本时，需要进行分词处理，将句子转化为词的表示，这个过程就是中文分词，也就是通过计算机自动识别出句子的词，在词与词之间加入边界标记符，分隔出各个词汇。

目前，中文分词的难点主要在于：

（1）分词歧义消解

分词歧义是指在一个句子中，一个字串可以有不同的切分方法。虽然基于人工标注数据的统计方法能够解决很大一部分分词歧义，然而当面临一些训练语料中没有出现过的句子时，基于统计的方法可能会输出很差的结果。

（2）未登录词的识别

这里的未登录词指的是没有在训练数据中出现过的词，包括各类专有名词、缩写词、新增词汇等。一般的专有名词还有一定的构词规律，如前缀、后缀有迹可循。而新增词汇则五花八门，如新术语、新缩略语、新商品名、绰号、笔名等。直到目前为止，未登录词识别，特别是新增词汇识别，仍然是分词研究面临的最大挑战。在领域移植的情境下，当测试文本与训练数据的领域存在较大差异的时候，未登录词的数量增多，导致分词效果变差。

（3）错别字、谐音字规范化

当处理网络文本或语言转化的文本时，不可避免地存在一些错别字或者是谐音词、谐音字。这些错别字或者谐音字词会对分词系统造成很大的干扰。

（4）分词粒度问题

分词粒度的选择长期以来一直是困扰分词研究的一个难题。选择什么样的词语切分粒度是和具体应用紧密相关的。在现实生活中通常说的词语是指能单独说或者用来造句的最小单位，然而这种词语的实际操作性很差。实际操作时，通常将"结合紧密、使用稳定"视为分词单位的界定准则，然而对于这种准则，不同人理解的主观性差别较大，受到个人的知识结构和所处环境的影响很大。这样就导致不同人标注的语料存在大量不一致现象，目前分词模型的准确率已达到95%以上，但切分粒度不一致的问题可能会导致使用语料没有办法可信地评价模型。

学习目标

知识目标

· 了解分词的三种方法；
· 掌握使用 jieba 工具包进行分词的三种模式以及它们的特点。

技能目标

· 能够安装和导入 jieba 工具包；
· 可以使用工具包对句子进行分词；
· 能够提取段落或文章中的高频词。

2.1　分词方法

目前的分词方法主要有三种：基于规则的分词方法、基于统计的分词方法以及基于语义的分词方法。基于规则的分词方法是最早兴起的分词方法，主要是通过设立词库和规则，使用匹配的方法进行分词。优点在于简单高效，缺点在于无法对未登录词进行处理。随着统计机器学习技术应用于分词任务上后，就有了基于统计的分词方法。统计分词方法的缺点在于过于依赖语料的质量，因此在实践中通常结合两种方法进行使用。基于语义的分词方法是通过让计算机模拟人对句子的理解，达到识别词的效果。其基本思想就是在分词的同时进行句法、语义分析，利用句法信息和语义信息来处理歧义现象，目前还处于试验阶段。

1. 基于规则的分词方法

基于规则的分词方法又称为机械分词方法，主要是通过维护词典，在切分句子时，将句子中的每个可能的词与词典中的词进行逐一对比，找到则切分，否则不切分。

（1）正向最大匹配法

正向最大匹配法（Maximum Match Method，MM 法）的基本思想为：假定分词词典中的最长词有 i 个汉字字符，则用被处理文档的当前字段中的前 i 个字作为匹配字段，查找字典。如果字典中有这样的一个词，则匹配成功，匹配字段被作为一个词切分出来。如果字典中找不到这样一个词，则匹配失败，将匹配字段的最后一个字去掉，将剩余的 $i-1$ 个字段作为匹配字段重新进行匹配处理。直到匹配成功或匹配字段剩余一个字。这样就完成了一轮匹配，然后取下一个长度为 i 的字段进行匹配处理，直到文档被扫描完成为止。

例如，现在有一个词典，最长的词的长度为5，词典中存在"南京市""南京市长"和"长江大桥"三个词。现在采用正向最大匹配法对"南京市长江大桥"进行分词，那么首先从句子中取出前5个字"南京市长江"，发现在词典中不存在这个词，那么去掉最后一个字，变成"南京市长"，词典中存在该词，那么该词被分为一个词，再将剩余的"江大桥"按照相同方式切分，得到"江""大桥"。最终得到分词结果为"南京市长""江""大桥"。从分词结果来看，这种方法的效果并不好。

（2）逆向最大匹配法

逆向最大匹配法（Reverse Maximum Match Method，RMM 法）的基本原理和 MM 法相同，不同点在于切分词的方向与 MM 法相反。逆向最大匹配法从被处理文档的末端开始匹配扫描，词典最长的词的长度为 i，每次取最末端的 i 个字符作为匹配字段，如果匹配失败，则去掉字段的最前面一个字，继续匹配。在实际处理时，先将文档和词典进行倒排处理，生成逆序文档和逆序词典；然后根据逆序词典，对逆序文档用正向最大匹配法处理即可。

例如，对"南京市长江大桥"进行分词，词典的最长词的长度为5，词典中存在"南京市""南京市长"和"长江大桥"，首先将词典生成逆序词典也就是"市京南""长市京南"和"桥大江长"，根据逆序词典，对逆序文档"桥大江长市京南"使用正向最大匹配法处理，最终得到分词结果为"南京市""长江大桥"。从结果来看，逆向最大匹配法比正向最大匹配法的效果更好，这主要是因为汉语中偏正结构偏多，从后开始向前匹配，可以适当提高精确度。

（3）双向最大匹配法

双向最大匹配法是将正向匹配法和逆向匹配法得到的分词结果进行比较，然后选取分词结果中词数较少的作为最终的分词结果。

双向最大匹配的规则：

如果正反向分词结果词数不同，则选取分词数量较少的那个。

如果分词数量相同，分词结果相同，则说明没有歧义，可任意返回一个；如果分词数量相同，分词结果不同，就返回单字数量较少的那个。

例如对"南京市长江大桥"进行分词，正向最大匹配法得到的结果为"南京市长""江""大桥"，而逆向最大匹配法得到的结果为"南京市""长江大桥"，两种方法分词结果词数不同，因此选取分词数量较少的"南京市""长江大桥"作为分词结果。

基于规则的分词方法通常都比较简单高效，但是字典的维护是一个庞大的过程，而且对歧义和未登录词的处理往往不是很好，因此往往需要和别的分词方法一起使用。

2. 基于统计的分词方法

基于统计的分词方法的基本思想是将每个词都看作由字组成，如果相连的字在不同的文本中出现的次数越多，就证明这些相连的字越可能就是一个词。因此，利用字与字相邻出现的频率来反映词出现的可靠性，统计语料库中相邻出现的各个字的组合频率，当频率高于某个值时，就将此组合作为一个词语。

基于统计的分词方法，一般都需要建立统计语言模型，然后对句子进行单词划分，最后对划分结果进行概率计算，获得概率最大的分词方式。

（1）n元模型

语言模型在信息检索、机器翻译、语音识别等任务中承担着重要的作用。用概率论术语描述为：确定长度为 m 的字符串的概率分布，每个词的出现与之前所有的词均相关，即：

$$P(x_1, x_2, \cdots, x_m) = P(x_1) \times P(x_2 \mid x_1) \times \cdots \times P(x_m \mid x_1, \cdots, x_{m-1})$$

$$= \prod_{i=1}^{m} P(x_i \mid x_1, \cdots, x_{i-1})$$

由于每个词均需要考虑之前的所有词，这种方式计算难度较大，因此有人提出用 n 元模型（n – gram model）来降低计算难度，也就是第 n 个词的出现只与前面 n – 1 个词相关，与其他任何词都不相关，即：

$$P(x_i \mid x_1, \cdots, x_{i-1}) = P(x_i \mid x_{i-n+1}, \cdots, x_{i-1})$$

$$\approx \frac{\text{count}(x_{i-n+1}, \cdots, x_{i-1})}{\text{count}(x_{i-n+1}, \cdots, x_{i-1}, x_i)}$$

其中 count（$x_i, \cdots, x_j$）指的是序列 $x_i, \cdots, x_j$ 出现的次数。最常用的 n 的取值为 2 和 3，当 n = 2 时，称为二元模型（Bi-Gram model），每个词的出现均与上一个词有关；当 n = 3 时，称为三元模型（Tri-Gram model），每个词的出现均与前面的两个词相关。n 越大，保留的词序信息越多，计算量也指数增长。

基于 n 元模型的分词方法又称为全切分路径选择方法，其基本思想是：将所有可能的切分表示为一个有向无环图，这里的有向指全部路径都始于第一个字、止于最后一个字，无环指节点之间不构成闭环。每一个可能的切分词语作为图中的一个节点。有向图中任何一个从起点到终点的路径构成一个句子的词语切分，路径数目随着句子的长度呈指数增长。这种方法的目标是从指数级别的搜索空间中求解出一条最优路径。以输入句子"自然语言处理"为例，图 2-1 给出了基于二元语法的有向无环图。

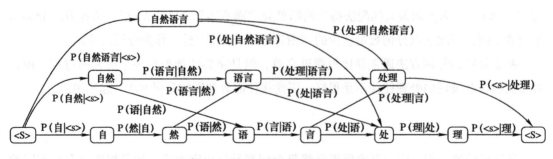

图 2-1　基于二元语法的有向无环图

（2）HMM 模型

隐含马尔科夫模型（HMM）是将分词作为字在字段中的序列标注任务来实现的。其基本思路是：每个字在构造一个特定的词语时都占据着一个特定的构词位置，规定每个字最多只有四个构词位置：B（词首）、M（词中）、E（词尾）和 S（单独成词）。

在实际分词中，为避免出现 BBB 和 EM 等不合理组合，引入了齐次马尔科夫假设，每个输出仅与上一个输出相关，也就是说当前位置字的构词位置需要考虑到上一个字的构词位置，如果上一个词为 B，那么下一个构词位置一定为 M 或者 E，不能取值为 B 或者 S。然后使用动态规划的方法找出最大概率路径作为状态序列，最后根据得到的状态序列进行分词得到分词结果。例如，对"中文分词是文本处理不可或缺的一步！"进行逐字标注，得到多种状态序列，使用动态规划方法得到可能性最大的状态序列为"BEBESBMMEBM-MESBES"，根据得到的序列状态进行分词得到"中文""分词""是""文本处理""不可或缺""的""一步""！"。

（3）CRF 模型

条件随机场（Conditional Random Field，CRF）也是一种基于马尔科夫思想的统计模型。之前的模型都假设每个状态均只与它前面的状态有关。而条件随机场算法不仅与每个状态之前的状态有关，还与它之后的状态有关。

相比基于规则的分词方法，基于统计的分词方法只需对语料中的频度进行统计，不需要耗费人力维护词典，能够较好地处理歧义和未登录词。但这种方法也有一定的局限性，其分词效果很依赖训练语料的质量，会经常抽出一些共现频度高但不是词的常用字组，例如"这一""有的""之一""我的""许多的"等，并且对常用词的识别精度差，时空开销大。

3. 基于语义的分词方法

基于语义的分词方法通常包括三个部分：分词子系统、句法语义子系统、总控部分。在总控部分的协调下，分词子系统可以获得有关词、句子等的句法和语义信息来对分词歧义进行判断，即它模拟了人对句子的理解过程。这种分词方法需要使用大量的语言知识和信息。由于汉语语言知识的笼统性、复杂性，难以将各种语言信息组织成机器可直接读取的形式，因此目前基于语义的分词系统还处在试验阶段。

在实际应用中，往往基于一种分词算法，然后用其他分词算法加以辅助。最常用的方式就是先使用基于规则的方法进行分词，然后用基于统计的分词方法进行辅助。这种方法的优点在于既可以提高分词的准确率，又可以改善其在不同领域的适应性，可以较好地处理未登录词。

2.2 能力提升训练——使用中文分词工具包 jieba

1. 训练目标

1）掌握 jieba 工具包的基本使用方法。

2）掌握 jibea 分词的分词模式及对应函数的写法。

2. 案例分析

近年来，随着 NLP 技术的日益成熟，开源的分词工具越来越多。在本单元中，介绍用 jieba 工具包并进行案例展示。jieba 工具包的优点在于：

1）社区活跃。在实际生产实践中遇到的问题能够在社区反馈并得到解决，适合长期使用。

2）功能丰富。jieba 工具包是一个开源框架，不仅可以实现分词，还提供了很多其他算法，例如关键词提取、词性标注等。

3）多种编程语言实现。jieba 官方提供了多平台多语言支持，还提供了很多热门社区项目的扩展插件。在实际项目中，可以进行扩展。

4）操作简单。jieba 工具包的 API 不多，需要进行的配置简单，方便上手。

jieba 工具包的分词结合了基于规则和基于统计这两种方法。首先基于前缀词典构建包含全部可能分词结果的有向无环图，然后使用动态规划的方法找到最大概率路径，并将其作为最终的分词结果。对于未登录词，使用基于汉字成词的 HMM 模型，并采用 Viterbi 算法进行推导。

jieba 工具包提供了三种分词模式：

1）精确模式：将句子最精确地切开，适合文本分析。

2）全模式：把句子中所有的可以成词的词语都扫描出来，速度非常快，但不能解决歧义。

3）搜索引擎模式：在精确模式的基础上，对长词再次切分，提高召回率，适合用于搜索引擎分词，同时也支持自定义字典。

3. 实施步骤

jieba 工具包的安装：pip install jieba

jieba 分词的三种模式：

（1）精确模式

```
import jieba
words = jieba. cut("南京市长江大桥")
print("精确模式:", '/'. join(words))
```

运行上述程序，输出结果如下：

> 精确模式：南京市/长江大桥

（2）全模式

```
words = jieba. cut("南京市长江大桥", cut_all = True)
print("全模式:", '/'. join(words))
```

运行上述程序，输出结果如下：

> 全模式：南京/南京市/京市/市长/长江/长江大桥/大桥

（3）搜索引擎模式

```
words = jieba. cut_for_search("南京市长江大桥")
print("搜索引擎模式:", '/'. join(words))
```

运行上述程序，输出结果如下：

> 搜索引擎模式：南京/京市/南京市/长江/大桥/长江大桥

cut 和 cut_for_search 命令均返回的是一个可迭代的生成器，在命令的 cut 前面加个"l"，可以使输出为 list。

```
#精确模式
words = jieba. lcut("南京市长江大桥")
print('精确模式:',words)
#全模式
words = jieba. lcut("南京市长江大桥", cut_all = True)
print("全模式:",words)
#搜索引擎模式
words = jieba. lcut_for_search("南京市长江大桥")
print("搜索引擎模式:",words)
```

运行上述程序，输出结果如下：

> 精确模式：['南京市', '长江大桥']
> 全模式：['南京', '南京市', '京市', '市长', '长江', '长江大桥', '大桥']
> 搜索引擎模式：['南京', '京市', '南京市', '长江', '大桥', '长江大桥']

虽然 jieba 有识别未登录词的功能，但是在特定场合下，自行添加未登录词可以保证更高的准确率。jieba 可以通过 add_word 命令来向分词词典中添加未登录词。

```
import jieba
jieba. add_word("南京市长江大桥")
words = jieba. lcut("南京市长江大桥")
print(words)
```

运行上述程序，输出结果如下：

```
['南京市长江大桥']
```

可以看出将南京市长江大桥作为未登录词添加到词典中后，分词时不会再将"南京市长江大桥"分为"南京市"和"长江大桥"。

除了可以向分词词典中添加未登录词外，还可以通过 load_userdict 命令导入自定义词典。自定义词典的格式为"词 词频 词性"，顺序不可以颠倒，词频和词性可以省略，该词典文件需用 UTF – 8 编码。

```
#写入自定义词典
with open("userdict. txt",'w',encoding = 'utf – 8') as f：
    f. write("南京市长江大桥")

#加载自定义词典
import jieba
jieba. load_userdict('userdict. txt')
words = jieba. lcut("南京市长江大桥")
print(words)
```

运行上述程序，输出结果如下：

```
['南京市长江大桥']
```

可以使用 del_word 命令从词典中删除词。

```
import jieba
word1 = jieba. lcut("南京市长江大桥")
print(word1)
jieba. del_word("长江大桥")
word2 = jieba. lcut("南京市长江大桥")
print(word2)
```

运行上述程序，输出结果如下：

```
['南京市', '长江大桥']
['南京市', '长江', '大桥']
```

使用 jieba 分词有时会遇到一些问题，例如不常见的词被分成两个词、分词不完全等。
不常见的词被分成两个词：
改进方法一：向词典中加入不常见词。

```
import jieba
words = jieba.lcut("中学")
print(words)


jieba.add_word("中学")
words = jieba.lcut("中学")
print(words)
```

改进方法二：提高不常见词的词频。

```
import jieba
words = jieba.lcut("中学")
print(words)


jieba.suggest_freq("中学", True)
words = jieba.lcut("中学")
print(words)
```

分词不完全：
改进方法一：删除高频词。

```
import jieba
words = jieba.lcut("今天天气不错")
print(words)


jieba.del_word("今天天气")
words = jieba.lcut("今天天气不错")
print(words)
```

改进方法二：强调低频词。

```
import jieba
words = jieba. lcut("今天天气不错")
print(words)
jieba. suggest_freq(("今天","天气"),True)
words = jieba. lcut("今天天气不错")
print(words)
```

示例：高频词提取。

提取 file. txt 中 10 个高频词代码如下：

```
import jieba
topK = 10
file_context = open('file. txt',encoding = "utf - 8"). read()
words = jieba. lcut(file_context)    #分词


#统计词频
data = {}
for chara in words：
    if chara in data：
        data[chara] + = 1
    else：
        data[chara] = 1


data = sorted(data. items(),key = lambda x：x[1],reverse = True) #排序
print(data[:topK])
```

运行上述程序可以得到高频词，其中"的""，""。"等词或标点符号对提高搜索效率并无太大意义。因此，在自然语言数据（或文本）的预处理过程中，一般会过滤掉某些字或者词，这些字或者词被称为停用词。通常意义上，停用词大致分为两类。一类是人类语言中包含的功能词，这些功能词极其普遍，与其他词相比，功能词没有什么实际含义，比如"the""is""at""on"等。但是对于搜索引擎来说，当所要搜索的短语包含功能词，特别是像"The one"或"Take the"等复合名词时，停用词的使用就会导致问题。另一类停用词包括一些应用非常广泛的词汇，比如"want"等，但是对这样的词搜索引擎无法保证能够给出真正相关的搜索结果，难以帮助缩小搜索范围，同时还会降低搜索的效率，因

此通常会把这些词从问题中移去，从而提高搜索性能。

然而并没有一个明确的停用词表能够适用于所有的工具，甚至一些工具是明确地避免使用停用词来支持短语搜索的。常用的办法是自定义一个停用词表，当遇到这些字或者词的时候，进行过滤。

常用停用词列表：

['\$', '0', '1', '2', '3', '4', '5', '6', '7', '8', '9', '?', '_', '"', '"', '、', '。', '《', '》', '(', ')', '(', ')', '做', '一', '一些', '一何', '一切', '一则', '一方面', '一旦', '一来', '一样', '一般', '一转眼', '万一', '上', '上下', '下', '不', '不仅', '不但', '不光', '不单', '不只', '不外乎', '不如', '不妨', '不尽', '不尽然', '不得', '不怕', '不惟', '不成', '不拘', '不料', '不是', '不比', '不然', '不特', '不独', '不管', '不至于', '不若', '不论', '不过', '不问', '与', '与其', '与其说', '与否', '与此同时', '且', '且不说', '且说', '两者', '个', '个别', '临', '为', '为了', '为什么', '为何', '为止', '为此', '为着', '乃', '乃至', '乃至于', '么', '之', '之一', '之所以', '之类', '乌乎', '乎', '乘', '也', '也好', '也罢', '了', '二来', '于', '于是', '于是乎', '云云', '云尔', '些', '亦', '人', '人们', '人家', '什么', '什么样', '今', '介于', '仍', '仍旧', '从', '从此', '从而', '他', '他人', '他们', '以', '以上', '以为', '以便', '以免', '以及', '以故', '以期', '以来', '以至', '以至于', '以致', '们', '任', '任何', '任凭', '似的', '但', '但凡', '但是', '何', '何以', '何况', '何处', '何时', '余外', '作为', '你', '你们', '使', '使得', '例如', '依', '依据', '依照', '便于', '俺', '俺们', '倘', '倘使', '倘或', '倘然', '倘若', '借', '假使', '假如', '假若', '悄然', '像', '儿', '先不先', '光是', '全体', '全部', '兮', '关于', '其', '其一', '其中', '其二', '其他', '其余', '其它', '其次', '具体地说', '具体说来', '兼之', '内', '再', '再其次', '再则', '再有', '再者', '再者说', '再说', '冒', '冲', '况且', '几', '几时', '凡', '凡是', '凭', '凭借', '出于', '出来', '分别', '则', '则甚', '别', '别人', '别处', '别是', '别的', '别管', '别说', '到', '前后', '前此', '前者', '加之', '加以', '即', '即令', '即使', '即便', '即如', '即或', '即若', '却', '去', '又', '又及', '及', '及其', '及至', '反之', '反而', '反过来', '反过来说', '受到', '另', '另一方面', '另外', '另悉', '只', '只当', '只怕', '只是', '只有', '只消', '只要', '只限', '叫', '叮咚', '可', '可以', '可是', '可见', '各', '各个', '各位', '各种', '各自', '同', '同时', '后', '后者', '向', '向使', '向着', '吓', '吗', '否则', '吧', '吧哒', '吱', '呀', '呃', '呕', '呗', '呜', '呜呼', '呢', '呵', '呵呵', '呸', '呼哧', '咋', '和', '咚', '咦', '咧', '咱', '咱们', '咳', '哇', '哈', '哈哈', '哉', '哎', '哎呀', '哎哟', '哗', '哟', '哦', '哩', '哪', '哪个', '哪些', '哪儿', '哪天', '哪年', '哪怕', '哪样', '哪边', '哪里', '哼', '哼唷', '唉', '唯有', '啊', '啐', '啥', '啦', '啪达', '啷当', '喂', '喏', '喔唷', '喽', '嗡', '嗡嗡', '嗬', '嗯', '嗳', '嘎', '嘎登', '嘘', '嘛', '嘻', '嘿', '嘿嘿', '因', '因为', '因了', '因此', '因着', '因而', '固然', '在', '在下', '在于', '地', '基于', '处在', '多', '多么', '多少', '大', '大家', '她', '她们', '好', '如', '如上', '如上所述', '如下', '如何', '如其', '如同', '如是', '如果', '如此', '如若', '始而', '孰料', '孰知', '宁', '宁可', '宁愿', '宁肯', '它', '它们', '对', '对于', '对待', '对方', '对比', '将', '小', '尔', '尔后', '尔尔', '尚且', '就', '就是', '就是了', '就是说', '就算', '就要', '尽', '尽管', '尽管如此', '岂但', '己', '已', '已矣', '巴', '巴巴', '并', '并且', '并非', '庶乎', '庶几', '开外', '开始', '归', '归齐', '当', '当地', '当然', '当着', '彼', '彼时', '彼此', '往', '待', '很', '得', '得了', '怎', '怎么', '怎么办', '怎么样', '怎奈', '怎样', '总

之', '总的来看', '总的来说', '总的说来', '总而言之', '恰恰相反', '您', '惟其', '慢说', '我', '我们', '或', '或则', '或是', '或曰', '或者', '截至', '所', '所以', '所在', '所幸', '所有', '才', '才能', '打', '打从', '把', '抑或', '拿', '按', '按照', '换句话说', '换言之', '据', '据此', '接着', '故', '故此', '故而', '旁人', '无', '无宁', '无论', '既', '既往', '既是', '既然', '时候', '是', '是以', '是的', '曾', '替', '替代', '最', '有', '有些', '有关', '有及', '有时', '有的', '望', '朝', '朝着', '本', '本人', '本地', '本着', '本身', '来', '来着', '来自', '来说', '极了', '果然', '果真', '某', '某个', '某些', '某某', '根据', '欸', '正值', '正如', '正巧', '正是', '此', '此地', '此处', '此外', '此时', '此次', '此间', '毋宁', '每', '每当', '比', '比及', '比如', '比方', '没奈何', '沿', '沿着', '漫说', '焉', '然则', '然后', '然而', '照', '照着', '犹且', '犹自', '甚且', '甚么', '甚或', '甚而', '甚至', '甚至于', '用', '用来', '由', '由于', '由是', '由此', '由此可见', '的', '的确', '的话', '直到', '相对而言', '省得', '看', '眨眼', '着', '着呢', '矣', '矣乎', '矣哉', '离', '竟而', '第', '等', '等到', '等等', '简言之', '管', '类如', '紧接着', '纵', '纵令', '纵使', '纵然', '经', '经过', '结果', '给', '继之', '继后', '继而', '综上所述', '罢了', '者', '而', '而且', '而况', '而后', '而外', '而已', '而是', '而言', '能', '能否', '腾', '自', '自个儿', '自从', '自各儿', '自后', '自家', '自己', '自打', '自身', '至', '至于', '至今', '至若', '致', '般的', '若', '若夫', '若是', '若果', '若非', '莫不然', '莫如', '莫若', '虽', '虽则', '虽然', '虽说', '被', '要', '要不', '要不是', '要不然', '要么', '要是', '譬喻', '譬如', '让', '许多', '论', '设使', '设或', '设若', '诚如', '诚然', '该', '说来', '诸', '诸位', '诸如', '谁', '谁人', '谁料', '谁知', '贼死', '赖以', '赶', '起', '起见', '趁', '趁着', '越是', '距', '跟', '较', '较之', '边', '过', '还', '还是', '还有', '还要', '这', '这一来', '这个', '这么', '这么些', '这么样', '这么点儿', '这些', '这会儿', '这儿', '这就是说', '这时', '这样', '这次', '这般', '这边', '这里', '进而', '连', '连同', '逐步', '通过', '遵循', '遵照', '那', '那个', '那么', '那些', '那么样', '那些', '那会儿', '那儿', '那时', '那样', '那般', '那边', '那里', '都', '鄙人', '鉴于', '针对', '阿', '除', '除了', '除外', '除开', '除此之外', '除非', '随', '随后', '随时', '随着', '难道说', '非但', '非徒', '非特', '非独', '靠', '顺', '顺着', '首先', '！', '，', '：', '；', '？', '\ n']

高频词提取（去除停用词）：

```
import jieba
topK = 10
file_context = open('file. txt', encoding = "utf - 8"). read()
words = jieba. lcut(file_context)    #分词


#统计词频
data = {}
for chara in words:
    if chara in data:
        data[chara] + = 1
    else:
```

```
            data[chara] = 1
data = sorted(data.items(), key = lambda x:x[1], reverse = True) #排序
#print(data[:topK])


stopwords = [line.strip() for line in open('停用词.txt', 'r', encoding = 'utf - 8').readlines()]
stopwords.append('\n')


word = []    #去掉停用词
for i,k in data：
    if i not in stopwords：
        word.append(i)
print(word[:topK])
```

单元小结

本单元主要介绍了词法层面的分词技术，对分词的三种方法进行介绍，同时对中文分词工具 jieba 工具包的三种分词模式：精确模式、全模式、搜索引擎模式的使用方法和特点进行讲解。

学习评估

课程名称：中文分词			
学习任务：使用中文分词工具包 jieba			
课程性质：理实一体课程		综合得分：	

知识掌握情况评分（35 分）

序号	知识考核点	配分	得分
1	分词的三种方法	15	
2	jieba 工具包进行分词的三种模式以及它们的特点	20	

工作任务完成情况评分（65 分）

序号	能力操作考核点	配分	得分
1	安装和导入 jieba 工具包	15	
2	编写句子分词的程序	20	
3	提取段落或文章的高频词	30	

课后习题

提取下面文本中词频高于 2 的词，要求去停用词：

成都大熊猫繁育研究基地，是我国乃至全球知名的集大熊猫科研繁育、保护教育、教育旅游、熊猫文化建设为一体的大熊猫等珍稀濒危野生动物保护研究机构，国家 AAAA 级旅游景区。这里山峦含黛，碧水如镜，以造园手法模拟了大熊猫野外生态环境。熊猫饲养区、大熊猫产房、熊猫医院等分布有序，无论室内还是室外，都给大熊猫提供了一个舒适的生存场所，被誉为"国宝的自然天堂，我们的世外桃源"。不同年龄段的大熊猫生活在这里，繁衍生息，其乐融融，每一只熊猫都能够把游客的心萌化。作为"大熊猫迁地保护生态示范工程"，近三十年来，基地取得多项原创性科研成果，同时坚持科研与旅游并重的理念，基地和全国城市社区、大中小学、幼儿园和农村开展了一系列丰富多彩的教育旅游活动，获得了广大青少年和国内外志愿者、动物爱好者的高度赞誉和好评，也让大熊猫成为成都独有的城市名片。

Unit 3

词性标注和命名实体识别

单元概述

　　分词、词性标注和命名实体识别这三项技术密切相关，构成了中文信息处理的基础性关键技术，也是词法层面的三姐妹，相互联系和影响。上一单元学习了 NLP 中的基础技术分词，这一单元将学习 NLP 词法层面的另外两种基础技术——词性标注和命名实体识别。

　　由于英文在不同的词性下往往有不同的形态，因此词性标注相对较为简单。而中文词性标注的难点在于词在不同的应用场景下没有明显的形态变化，而且往往具有多个词性。因此，中文词性标注的难度较大。同样对于命名实体识别来说，英文实体中的每个词的首字母要大写，因此英文的命名实体边界识别相对较为简单，重点在于实体类型的确定。而在汉语中，各类命名实体的数量众多，且命名实体的构成规律、嵌套情况复杂，长度也难以确定，因此中文命名实体识别难度也相对较大。本单元主要介绍词性标注和命名实体识别的定义与实现。

学习目标

知识目标
- 掌握词法层面的词性标注和命名实体识别的概念；
- 了解 LTP。

技能目标
- 安装 LTP 的 Python 封装包；
- 下载 LTP 的模型文件；
- 能够使用 LTP 进行词性标注；
- 能够使用 LTP 进行命名实体识别，并提取其中的命名实体。

3.1　词性标注

词性是词汇最基本的语法属性。词性标注（Part-Of-Speech tagging，POS tagging）是指对给定的句子判定每个词的语法范畴，确定其词性并加以标注的过程。例如，名词表示人、地点、事物以及其他抽象概念的名称，动词是表示动作或者状态变化的词，形容词指描述或修饰名词属性、状态的词等。词性标注的正确与否会直接影响到之后的句法分析、语义分析，是中文自然语言处理的基础之一。

词性标注最简单的方法就是统计语料库中每个词所对应的高频词性，将其作为默认的词性，这种方法可以覆盖大多数场景，满足基本的准确率要求。目前，常用的词性标注方法主要分为两种，一种是基于规则的词性标注方法，另外一种是基于统计的词性标注方法。最早提出的是基于规则的词性标注方法，其基本思想是按词与词之间的搭配关系和上下文语境来构建词类标注规则，然而随着标注语料库规模的逐渐增大，可利用资源越来越多，以人工提取规则的方法逐渐被基于机器学习的规则自动提取方法取代。基于机器学习的规则自动提取方法弥补了传统的手工提取规则的不足，标注速度有了较大提升，但这种方法的学习时间过长。目前较为主流的方法是基于统计的词性标注方法，其基本思想与基于统计的分词方法相同，也是将句子的词性标注作为一个序列标注问题来解决，因此分词常用的算法都可以用来进行词性标注，例如隐形马尔科夫模型、条件随机场模型等。

jieba 分词工具提供了词性标注功能。该功能与分词流程相同，同样是结合规则和统计的方式，也就是说同时使用词典匹配和 HMM。词性来自于一个预定义的集合，也就是标注规范。常用的标注标准主要有北大的词性标注集和宾州词性标注集。jieba 分词采用的词性标注规范见表 3-1。

表 3-1　*jieba* 词性标注规范表

标记	词性	说明
Ag	形语素	形容词代码为 a，语素代码 g 前面置以 A
a	形容词	取英语形容词 adjective 的第 1 个字母
ad	副形词	直接作为状语的形容词。形容词代码 a 和副词代码 d 并在一起
an	名形词	具有名词功能的形容词。形容词代码 a 和名词代码 n 并在一起
b	区别词	取汉字"别"的声母
c	连词	取英语连词 conjunction 的第 1 个字母

（续）

标记	词性	说明
dg	副语素	副词性语素。副词代码为 d，语素代码 g 前面置以 D
d	副词	取 adverb 的第 2 个字母，因其第 1 个字母已用于形容词
e	叹词	取英语叹词 exclamation 的第 1 个字母
f	方位词	取汉字"方"
g	语素	绝大多数语素都能作为合成词的"词根"，取汉字"根"的声母
h	前接成分	取英语 head 的第 1 个字母
i	成语	取英语成语 idiom 的第 1 个字母
j	简称略语	取汉字"简"的声母
k	后接成分	
l	习用语	习用语尚未成为成语，有"临时性"，取"临"的声母
m	数词	取英语 numeral 的第 3 个字母，n、u 已有他用
Ng	名语素	名词性语素。名词代码为 n，语素代码 g 前面置以 N
n	名词	取英语名词 noun 的第 1 个字母
nr	人名	名词代码 n 和"人（ren）"的声母并在一起
ns	地名	名词代码 n 和处所词代码 s 并在一起
nt	机构团体	"团"的声母为 t，名词代码 n 和 t 并在一起
nz	专名	"专"的声母的第 1 个字母为 z，名词代码 n 和 z 并在一起
o	拟声词	取英语拟声词 onomatopoeia 的第 1 个字母
p	介词	取英语介词 prepositional 的第 1 个字母
q	量词	取英语 quantity 的第 1 个字母
r	代词	取英语代词 pronoun 的第 2 个字母，因 p 已用于介词
s	处所词	取英语 space 的第 1 个字母
tg	时语素	时间词性语素。时间词代码为 t，在语素的代码 g 前面置 T
t	时间词	取英语 time 的第 1 个字母
u	助词	取英语助词 auxiliary
vg	动语素	动词性语素。动词代码为 v，在语素的代码 g 前面置 V
v	动词	取英语动词 verb 的第一个字母
vd	副动词	直接作状语的动词。动词和副词的代码并在一起
vn	名动词	指具有名词功能的动词。动词和名词的代码并在一起
w	标点符号	
x	非语素字	非语素字只是一个符号，字母 x 通常用于代表未知数、符号
y	语气词	取汉字"语"的声母

（续）

标记	词性	说明
z	状态词	取汉字"状"的声母的前一个字母
un	未知词	不可识别词及用户自定义词组取英文 unknown 前两个字母

使用 jieba 工具包进行词性标注：

```
import jieba. posseg as psg
sent = '中文分词是文本处理不可或缺的一步！'
seg_list = psg. cut(sent)
print(''. join(['{0}/{1}'. format(w,t) for w,t in seg_list]))
```

分词之后每个词后面都跟着其对应的词性，输出结果如下：

中文/nz 分词/n 是/v 文本处理/n 不可或缺/l 的/uj 一步/m ！/x

jieba 分词工具支持使用自定义词典，词典格式为每行一个词语，每行分为三个部分"词语 词频 词性"，用空格分开，顺序不可颠倒。其中词频和词性是可以省略的，但是如果词典中省略了词性，那么在使用 jieba 工具包进行词性标注时，会导致词语的词性变成"x"，这可能会对以后的处理造成影响。因此，在为 jieba 工具包设置自定义词典时，需要尽量在词典中补充完整的信息。

3.2　命名实体识别

命名实体识别（Named Entities Recognition，NER）的目的在于识别语料中人名、地名、组织机构名等命名实体。NER 重点在于划分实体的边界以及标注实体的类型。

命名实体识别分为基于规则的命名实体识别和基于统计的命名实体识别。由于命名实体数量庞大且不断更新和增加，不可能在词典中穷尽列出，而且不同应用场合的词典存在可移植性差、更新维护困难等问题，因此基于规则的命名实体识别无法在实际中进行应用。基于统计的命名实体识别方法是目前命名实体识别的主要方法，通常将命名实体任务作为序列标注问题来进行解决。而由于条件随机场（CRF）模型简便易行、性能较好，被广泛应用于人名、地名和组织机构名等各种类型命名实体的识别，并得到不断改进。基于 CRF 的命名实体识别是将命名实体识别过程看作一个序列标注问题。其简单思路为：首先将给定的文本进行分词处理，然后对人名、简单的地名和简单的组织机构名进行识别，然后识别复合地名和复合组织机构名。这里说的简单地名指的是地名中没有嵌套包含其他地名，而复合地名指地名中嵌套了其他的地名。基于 CRF 的命名实体识别方法属于有监督学习方法，因此需要利用已标注的大规模语料库对 CRF 模型的参数进行训练。

这里直接使用已训练好的命名实体识别模型。由于 jieba 分词工具没有提供命名实体识别功能，这里选用哈工大语言技术平台——LTP（Language Technology Platform）来实现命名实体识别。

3.3 能力提升训练——基于 LTP 的词性标注和命名实体识别

1. 训练目标

1）安装 LTP 的 Python 封装包——pyltp，下载 LTP 的模型文件。

2）掌握使用 LTP 进行词性标注和命名实体识别。

2. 案例分析

LTP 是由哈工大研发的一个中文语言技术平台，它提供一系列中文自然语言处理工具，用户可以使用这些工具对中文文本进行分词、词性标注、句法分析等工作。从应用角度来看，LTP 为用户提供下列组件：

1）针对单一自然语言处理任务，生成统计机器学习模型的工具。

2）针对单一自然语言处理任务，调用模型进行分析的编程接口。

3）系统可调用的，用于中文语言处理的模型文件。

4）针对单一自然语言处理任务，基于云端的编程接口。

3. 实施步骤

LTP 是基于 C ++ 开发的，但是也提供了 Python 的封装包——pyltp。pyltp 直接使用 pip 进行安装，在命令行输入：pip install pyltp。如果安装失败，可以使用 wheel 文件进行安装，具体安装过程如下：

首先查看当前环境下 Python 的版本，在命令行输入：python-V，根据 Python 的不同版本下载相应的 wheel 文件，例如 Python3.6 版本，则下载 pyltp – 0.2.1 – cp36 – cp36m – win_ amd64.whl，然后使用 cd 命令跳转到 wheel 文件所在目录，使用 pip install wheel 文件名进行安装。

在安装成功之后，需要下载相关的模型文件。哈工大提供了 LTP 所需的基本模型，模型下载地址：http：//ltp. ai/download. html，选择其中最新版本的模型文件进行下载，如图 3-1 所示。例如，当前最新模型为 3.4.0，则下载 ltp_data_v3.4.0. zip。

当前版本：4.0
在你的平台上下载 LTP 源码或预编译安装包，然后即可马上进行开发。
注：3.4.0 版本 SRL模型 *pisrl.model* 如在Windows系统不不可用，可以到此链接下载支持 Windows的语义角色标注模型。

版本	模型	win-x86	win-x64	源码
4.0.0	small.tgz			ltp
3.4.0	ltp_data_v3.4.0.zip	ltp-3.4.0-win-x86-Release.zip	ltp-3.4.0-win-x64-Release.zip	ltp-3.4.0-SourceCode.zip
3.3.2		ltp-3.3.2-win-x86-Release.zip	ltp-3.3.2-win-x64-Release.zip	ltp-3.3.2-SourceCode.zip
3.3.1	ltp_data_v3.3.1.zip	ltp-3.3.1-win-x86-Release.zip		ltp-3.3.1-SourceCode.zip
3.3.0	ltp_data_v3.3.0.zip			ltp-3.3.0-SourceCode.zip

图 3-1　模型下载

将下载的压缩包解压到项目文件夹下，得到 LTP 的基本模型，如图 3-2 所示。

名称	修改日期	类型	大小
cws.model	2017/6/15 16:42	MODEL 文件	178,392 KB
md5	2017/7/7 15:47	文本文档	1 KB
ner.model	2017/6/15 15:19	MODEL 文件	21,575 KB
parser.model	2017/6/15 16:26	MODEL 文件	359,199 KB
pisrl.model	2017/6/15 16:00	MODEL 文件	191,770 KB
pos.model	2017/6/15 16:43	MODEL 文件	423,286 KB
version	2017/7/7 15:47	文件	1 KB

图 3-2　LTP 的基本模型

LTP 的主要模型：

SentenceSplitter：分句模型，将一个段落通过 "。" "?" "!" 等形式分开。

Segmentor：分词模型，支持用户使用自定义词典。分词外部词典本身是一个文本文件，每行指定一个词，编码须为 UTF－8。

Postagger：词性标注模型，显示每个词的词性，输入可以为一个词，也可以为多个词组成的列表。LTP 中采用了 863 词性标注集，各个词性含义见表 3-2。

表3-2 LTP 词性标注规范表

标记	词性	举例	标记	词性	举例
a	adjective	美丽	Ni	organization name	保险公司
b	other noun-modifier	大型，西式	nl	location noun	城郊
c	conjunction	和，虽然	ns	geographical name	北京
d	adverb	很	nt	temporal noun	近日，明代
e	exclamation	哎	nz	other proper noun	诺贝尔奖
g	morpheme	茨，甥	o	onomatopoeia	哗啦
h	prefix	阿，伪	p	preposition	在，把
i	idiom	百花齐放	q	quantity	个
j	abbreviation	公检法	r	pronoun	我们
k	suffix	界，率	u	auxiliary	的，地
m	number	一，第一	v	verb	跑，学习
n	general noun	苹果	wp	punctuation	，。！
nd	direction noun	右侧	ws	foreign words	CPU
nh	person name	杜甫，汤姆	x	non – lexeme	萄，翱

NamedEntityRecognizer：命名实体模型，ltp 命名实体类型为：人名（Nh），地名（NS），机构名（Ni）。LTP 采用 BIESO 标注体系，其命名实体标记见表3-3。

表3-3 命名实体标记

标记	含义
B	实体开始词
I	实体中间词
E	实体结束词
S	单独成实体
O	不构成实体

Parser：依存句法分析模型。

加载模型：

```
from pyltp import Segmentor, Postagger, Parser, NamedEntityRecognizer
#加载分词模型
segmentor = Segmentor()
segmentor.load("ltp_data_v3.4.0\cws.model")

#加载命名实体识别模型
recognizer = NamedEntityRecognizer()
recognizer.load("ltp_data_v3.4.0\ner.model")

#加载依存语法分析模型
parser = Parser()
parser.load("ltp_data_v3.4.0\parser.model")

#加载词性标注模型
postagger = Postagger()
postagger.load("ltp_data_v3.4.0\pos.model")
```

分句：

```
from pyltp import SentenceSplitter
content = '句号。问号？叹号！"双引号。"汉语省略号……'
sents = SentenceSplitter.split(content)
for sent in sents:
    print(sent)
```

运行上述程序，输出结果如下：

```
句号。
问号？
叹号！
"双引号。"
汉语省略号……
```

这里需要注意的是 LTP 是用于中文处理的，因此尽量不要将 LTP 用于处理其他语言。

分词：

```
frompyltp import Segmentor

segmentor = Segmentor()    # 初始化实例
segmentor. load("ltp_data_v3. 4. 0\cws. model")    # 加载模型
words = segmentor. segment('庐山,位于江西省九江市南,雄峙于长江之滨、鄱阳湖
畔,东距鄱阳湖长岭 - 屏峰卡口7千米,是一座变质岩断石山,其拔地而起,主峰大
汉阳峰高程1474米。庐山不仅风景秀丽,而且文化内涵深厚,更集教育名山、文化
名山、宗教名山、政治名山于一身。从司马迁"南登庐山",到陶渊明、李白、白居易、
苏轼、王安石、黄庭坚、陆游、朱熹、康有为、胡适、郭沫若等文坛巨匠或陈运和等诗文
名家1500余位登临庐山,留下4000余首诗词歌赋。1996年,庐山被联合国教科文
组织确定为世界文化遗产,列入《世界遗产名录》。')
for word in words：
    print( word, end = '\\')
segmentor. release()
```

运行上述程序,输出结果如下：

```
庐山\,\位于\江西省\九江市\南\,\雄峙\于\长江\之\滨\、\鄱阳湖畔\,\东\距\鄱阳湖\
长岭\ - 屏峰\卡口7\千\米\,\是\一\座\变质\岩断\石山\,\其\拔地而起\,\主峰\大汉\
阳峰\高程\1474\米\。\庐山\不仅\风景\秀丽\,\而且\文化\内涵\深厚\,\更\集\教育\
名山\、\文化\名山\、\宗教\名山\、\政治\名山\……\被\联合国\教科文\组织\确定\为\
世界\文化\遗产\,\列入\《\世界\遗产\名录\》\。\
```

pyltp 支持用户使用自定义词典，主要区别在于导入模型的命令不同，没有自定义词典直接 segmentor. load （cws. model） 即可，有自定义字典使用 segmentor. load_ with_ lexicon （cws. model，自定义字典名）。

自定义词典为 dic. txt，其内容为：二人。

```
frompyltp import Segmentor

segmentor = Segmentor()
segmentor. load_with_lexicon("ltp_data_v3. 4. 0\cws. model" ,'dic. txt
words = segmentor. segment('庐山,位于江西省九江市南,雄峙于长江之滨、鄱阳湖
畔,东距鄱阳湖长岭 - 屏峰卡口7千米,是一座变质岩断石山,其拔地而起,主峰大
汉阳峰高程1474米。庐山不仅风景秀丽,而且文化内涵深厚,更集教育名山、文化
名山、宗教名山、政治名山于一身。从司马迁"南登庐山",到陶渊明、李白、白居易、
苏轼、王安石、黄庭坚、陆游、朱熹、康有为、胡适、郭沫若等文坛巨匠或陈运和等诗文
```

名家 1500 余位登临庐山,留下 4000 余首诗词歌赋。1996 年,庐山被联合国教科文组织确定为世界文化遗产,列入《世界遗产名录》。')

```
for word in words:
    print(word, end = '\\')

segmentor. release()
```

运行上述程序,输出结果如下:

庐山\、\位于\江西省\九江市\南\,\雄峙\于\长江\之\滨\、\鄱阳湖畔\,\东\距\鄱阳湖\长岭\ – 屏峰\卡口 7\千\米\,\是\一\座\变质\岩断\石山\,\其\拔地而起\,\主峰\大汉\阳峰\高程\1474\米。\庐山\不仅\风景\秀丽\,\而且\文化\内涵\深厚\,\更\集\教育\名山、\文化\名山\……\被\联合国\教科文\组织\确定\为\世界\文化\遗产\,\列入\《\世界\遗产\名录\》\。\

词性标注:

```
frompyltp import

#词性标注
postagger = Postagger() #初始化实例
postagger. load("ltp_data_v3. 4. 0\pos. model") #加载模型
postags = postagger. postag(words) #词性标注
for word, postag in zip(words, postags):
print(word, postag, end = '\\')
```

运行上述程序,输出结果如下:

庐山 ns\, wp\位于 v\江西省 ns\九江市 ns\南 nd\, wp\雄峙 v\于 p\长江 ns\之 u\滨 n\、wp\鄱阳湖畔 ns\, wp\东 nd\距 p\鄱阳湖 ns\长岭 ns\ – 屏峰 ns\卡口 7 m\千 m\米 q\, wp\是 v\一 m\座 q\变质 v\岩断 v\石山 ns\, wp\其 r\拔地而起 i\, wp\主峰 n\大汉 n\阳峰 ns\高程 n\1474 m\米 q\。wp\庐山 ns\不仅 c\风景 n\秀丽 a\, wp\而且 c\文化 n\内涵 n\深厚 a\, wp\更 d\集 v\教育 v\名山 n\、wp\文化 n\名山 n\、wp\宗教 n\名山 n\……被 p\联合国 ni\教科文 j\组织 n\确定 v\为 v\世界 n\文化 n\遗产 n\, wp\列入 v\《 wp\世界 n\遗产 n\名录 n\》wp\。wp\

使用模型,进行命名实体识别:

```
frompyltp import

recognizer = NamedEntityRecognizer() #初始化实例
recognizer. load('ltp_data_v3. 4. 0/ner. model') #加载模型
```

```
netags = recognizer. recognize(words, postags) # 命名实体识别
for word, netag in zip(words, netags):
    print(word, netag, end = '\\')
```

运行上述程序，输出结果如下：

庐山 S‑Ns\，O\位于 O\江西省 B‑Ns\九江市 E‑Ns\南 O\，O\雄峙 O\于 O\长江 S‑Ns\之 O\滨 O\、O\鄱阳湖畔 S‑Ns\，O\东 O\距 O\鄱阳湖 B‑Ns\长岭 I‑Ns\‑屏峰 E‑Ns\卡口 7 O\千 O\米 O\，O\是 O\一 O\座 O\变质 O\岩断 O\石山 S‑Ns\，O\其 O\拔地而起 O\，O\主峰 O\大汉 O\阳峰 S‑Ns\高程 O\1474 O\米 O\。O\庐山 S‑Ns\不仅 O\风景 O\秀丽 O\，O\而且 O\文化 O\内涵 O\深厚 O\，O\更 O\集 O\教育 O\名山 O\、文化 O\名山 O\……被 O\联合国 B‑Ni\教科文 I‑Ni\组织 E‑Ni\确定 O\为 O\世界 O\文化 O\遗产 O\，O\列入 O\《 O\世界 O\遗产 O\名录 O\》O\。O\

根据识别结果，提取其中的命名实体：

```
persons, places, orgs = set(), set(), set()
#提取识别结果中的人名,地名,组织机构名
i = 0
for tag, word inzip(netags, words):
    j = i
    #人名 Nh
    if "Nh" in tag:  #通过判断首字母是 S 还是 B 来判断是否是单独成实体还是分开的,分开的就找到实体结束词
        if str(tag). startswith('S'):  # S 为单独成实体
            persons. add(word)
        elif str(tag). startswith('B'):  # B 为开始词
            union_person = word
            whilenetags[j] ! = 'E‑Nh':
                j + = 1
                if j < len(words):
                    union_person + = words[j]
            persons. add(union_person)
    #地名 Ns
    if "Ns" in tag:
        if str(tag). startswith('S'):  # S 为单独成实体
            places. add(word)
```

```
        elif str(tag). startswith('B')：  # B 为开始词
            union_place = word
              whilenetags[j] ! = 'E - Ns':
                    j + = 1
                    if j < len(words)：
                        union_place + = words[j]
            places. add(union_place)
    #机构名 Ni
    if " Ni" in tag：
            if str(tag). startswith('S')：  # S 为单独成实体
                orgs. add(word)
            elif str(tag). startswith('B')：  # B 为开始词
            union_org = word
            whilenetags[j] ! = 'E - Ni':
                j + = 1
                if j < len(words)：
                    union_org + = words[j]
            orgs. add(union_org)

    i = i + 1
print(" name" , list(persons))
print(" place" , list(places))
print(" org" , list(orgs))
```

运行上述程序，输出结果如下：

name ['苏轼', '陶渊明', '郭沫若', '胡适', '朱熹', '白居易', '司马迁', '黄庭坚', '王安石', '康有为', '李白', '陈运和', '陆游']

place ['江西省九江市', '长江', '阳峰', '庐山', '鄱阳湖长岭 - 屏峰', '石山', '鄱阳湖畔']

orgs ['联合国教科文组织']

单元小结

本单元主要介绍了词法层面的词性标注和实体命名识别的概念和方法，同时使用 LTP 的 Python 封装包进行词性标注和命名实体识别。

学习评估

课程名称：词性标注和命名实体识别			
学习任务：基于 LTP 的词性标注和命名实体识别			
课程性质：理实一体课程		综合得分：	

知识掌握情况评分（35 分）

序号	知识考核点	配分	得分
1	词法层面的词性标注和命名实体识别的概念和目的	25	
2	LTP 的用法	10	

工作任务完成情况评分（65 分）

序号	能力操作考核点	配分	得分
1	成功安装 LTP 的 Python 封装包	10	
2	下载 LTP 的模型文件	10	
3	使用 LTP 进行词性标注并提取其中某种词性的词语	20	
4	使用 LTP 进行命名实体识别，并提取其中的命名实体	25	

课后习题

提取下面文本中的地点：

涠洲岛位于广西壮族自治区北海市北部湾海域中部，是广西最大的海岛，素有南海"蓬莱岛"之称。涠洲岛是火山喷发堆凝而成的岛屿，有海蚀、海积及溶岩等景观，一半火山，一半海洋，涠洲岛拥有极高的资源组合度和稀缺性，岛上鳄鱼山、滴水丹屏、石螺口海滩、暮崖、五彩滩、贝壳沙滩、南湾街、斜阳岛等景点各具特色，寻火山遗迹，看日出日落，观渔船在海天一线中穿梭，感受岛上原汁原味的慢生活，壮观、惬意与浪漫相得益彰。较于城市，涠洲多了一份静谧，较于其他海岛，涠洲多了一份温柔。无需专业设备、无需滤镜处理就能拍出惊艳的照片，因为涠洲岛本身就是一幅美丽的画作。近十年来，涠洲岛致力于景区生态环境整治、基础设施建设与景区服务质量提升工作，涠洲岛南湾鳄鱼山景区于 2020 年 12 月正式晋升为国家 5A 级景区，旖旎的风光搭配有温度、有情怀的旅游服务，涠洲岛的优质化开发推动着北部湾国际滨海度假胜地转型升级，为广西"三地两带一中心"旅游新格局的构建提供了内生动力。

Unit 4 ▮

句法分析

单元概述

前面两个单元分别介绍了分词、词性标注和命名实体识别，主要涉及词法层面，本单元主要学习句法分析。

句法分析（Parsing）是自然语言处理中的关键技术之一，其基本任务是对输入的文本以句子为单位进行分析，确定句子的句法结构或句子中词汇之间的依存关系。对句法进行句法分析的目的一方面是帮助理解句子的含义，另一方面也是为更高级的自然语言处理任务提供支持，例如机器翻译、情感分析等。句法分析的难点主要在于：

1）歧义：自然语言区别于人造语言的一个主要特点就在于它往往存在大量的歧义。人可以根据经验消除歧义，而机器不能。

2）搜索空间：句法分析的候选树会随着句子的增多呈指数增长，搜索空间巨大。因此必须有高效的算法来保证在较短的时间内搜索到模型的最优解。

学习目标

知识目标
- 了解句法分析的分类；
- 掌握短语结构句法分析和依存句法分析的区别；
- 了解短语结构句法分析和依存句法分析的可视化结果。

技能目标
- 能够使用 Python 进行短语结构句法分析和依存句法分析；
- 能够安装 NLTK，并下载相关的 NLTK data；
- 能够实现短语结构句法分析和依存句法分析。

4.1 句法分析分类

句法分析是从输入的单词序列得到句法结构的过程，而句法结构一般用树状数据结构表示，称为句法分析树或句法树，实现该过程的工具或者程序称为句法分析器（Parser）。根据句法结构的表示形式不同，最常见的句法分析任务可以分为以下三种：

1）短语结构句法分析，作用是识别出句子中的短语结构以及短语之间的层次句法关系。

2）依存句法分析，作用是识别句子中词汇与词汇之间的相互依存关系。

3）深层文法句法分析，即利用深层文法，对句子进行深层的句法以及语义分析。

不同类型的句法分析对应的句法结构的表示形式不同，实现过程的复杂程度也有所不同。其中，依存句法分析属于浅层句法分析，实现过程相对简单，能提供的信息也相对较少。而深层文法句法分析可以提供大量的句法和语义信息，但分析器运行复杂度较高。短语结构句法分析介于依存句法分析和深层文法句法分析之间。

1. 短语结构句法分析

短语结构句法分析又称为成分句法分析，通常说的句法分析就是短语结构句法分析。一般以句法分析树来表示句法分析的结果。

短语结构句法分析方法可以分为基于规则的方法和基于统计的方法两类。基于规则的方法的基本思路是，由人工组织语法规则，建立语法知识库，通过条件约束和检查来实现句法结构歧义的消除。这种方法在处理大规模真实文本时会存在语法规则覆盖有限、系统可迁移差等问题。鉴于基于规则的句法分析方法存在诸多局限性，基于统计的句法分析方法逐渐兴起。统计句法分析的本质是对候选树的评价方法，给合理的句法树赋予一个较高的分值，给不合理的句法树一个较低的评分，这样就可以利用候选句法树的分值来进行消歧。

目前研究最多的统计句法分析方法是 PCFG（Probabilistic Context Free Grammar），也是现在句法分析中常用的方法，这种方法既有规则方法的特点，又运用了概率信息，因此也可以认为是规则方法和统计方法的结合。

PCFG 是基于概率的短语结构分析方法，是上下文无关算法（Context Free Grammar，CFG）的扩展。表 4-1 是使用 PCFG 求解最优句法树的过程。

表 4-1　规则集

规则	概率	规则	概率
S → NP VP	1.0	NP → NP PP	0.4
PP → P NP	1.0	NP → astronomers	0.1
VP → V NP	0.7	NP → ears	0.18
VP → VP PP	0.3	NP → saw	0.04
P → with	1.0	NP → stars	0.18
V → saw	1.0	NP → telescope	0.1

其中，汉语成分标记对应的标注集为清华树库的部分标注集，见表 4-2。

表 4-2　清华树库的部分标注集

标记	标记名称	标记	标记名称
NP	名词短语	MBAR	数词准短语
TP	时间短语	MP	数量短语
SP	空间短语	DJ	单句短语
VP	动词短语	FJ	复句短语
AP	形容词短语	ZJ	整句
BP	区别词短语	JP	句群
DP	副词短语	DLC	独立成分
PP	介词短语	YJ	直接引语

给定句子 S：astronomers saw stars with ears，得到两个句法分析树，如图 4-1 所示。

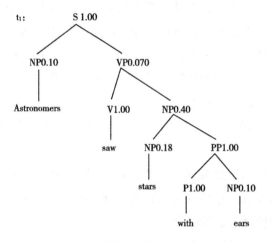

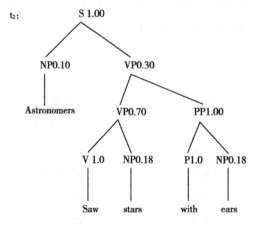

图 4-1　句子 S 的不同句法分析树示例

计算两棵树的概率如下：

$$P(t_1) = S \times NP \times VP \times V \times NP \times NP \times PP \times P \times NP$$
$$= 1.0 \times 0.1 \times 0.7 \times 1.0 \times 0.4 \times 0.18 \times 1.0 \times 1.0 \times 0.18 = 0.0009072$$
$$P(t_2) = S \times NP \times VP \times VP \times V \times NP \times PP \times P \times NP$$
$$= 1.0 \times 0.1 \times 0.3 \times 0.7 \times 1.0 \times 0.18 \times 1.0 \times 1.0 \times 0.18 = 0.0006804$$

根据得到的两个句法分析树的概率，选择概率值较大的句法分析树 t_1 作为最终的句法树。

2. 依存句法分析

依存句法分析通过分析语言单位内成分之间的依存关系揭示其句法结构。直观来讲，依存句法分析识别句子中的"主谓宾""定状补"这些语法成分，并分析各成分之间的关系。依存句法分析主张句子中核心动词是支配其他成分的中心成分。而它本身却不受其他任何成分的支配，所有受支配成分都以某种关系从属于支配者。依存语法的结构没有非终结点，词与词之间直接发生依存关系，构成一个依存对，其中一个是核心词，也叫支配词，另一个叫修饰词，也叫从属词。依存关系用一个有向弧表示，叫作依存弧。依存弧的方向为由从属词指向支配词。

依存句法分析的五个条件：

1）一个句子中只有一个成分是独立的。

2）句子的其他成分都从属于某一成分。

3）任何一个成分都不能依存于两个或两个以上的成分。

4）如果成分 A 直接从属成分 B，而成分 C 在句子中位于 A 和 B 之间，那么，成分 C 从属于 A，或者从属于 B，或者从属于 A 和 B 之间的某一成分。

5）中心成分左右两边的其他成分相互不发生关系。

依存关系可以细分为不同的类型，表示两个词之间的具体句法关系。依存句法分析标注关系（共 15 种）及含义见表 4-3。

表 4-3　依存句法分析标注关系及含义

关系类型	Tag	Description	Example
主谓关系	SBV	subject – verb	我送她一束花（我 < – –送）
动宾关系	VOB	直接宾语，verb – object	我送她一束花（送 – –>花）
间宾关系	IOB	间接宾语，indirect – object	我送她一束花（送 – –>她）
前置宾语	FOB	前置宾语，fronting – object	他什么书都读（书 < – –读）
兼语	DBL	double	他请我吃饭（请 – – >我）
定中关系	ATT	attribute	红苹果（红 < – –苹果）

（续）

关系类型	Tag	Description	Example
状中结构	ADV	adverbial	非常美丽（非常 < − −美丽）
动补结构	CMP	complement	做完了作业（做 − − >完）
并列关系	COO	coordinate	大山和大海（大山 − − >大海）
介宾关系	POB	preposition − object	在贸易区内（在 − − >内）
左附加关系	LAD	left adjunct	大山和大海（和 < − −大海）
右附加关系	RAD	right adjunct	孩子们（孩子 − − >们）
独立结构	IS	independent structure	两个单句在结构上彼此独立
标点	WP	punctuation	。
核心关系	HED	head	指整个句子的核心

例如，对"9月9日上午纳达尔在亚瑟·阿什球场击败俄罗斯球员梅德韦杰夫"进行依存句法分析得到图4−2所示的结果。

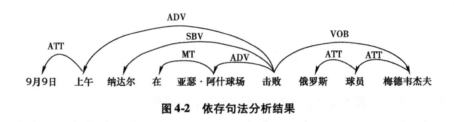

图4-2　依存句法分析结果

从分析结果中可以看到，句子的核心词为"击败"，主语是"纳达尔"，"击败"的宾语是"梅德韦杰夫"，"亚瑟·阿什球场"是地点的状语，"梅德韦杰夫"的修饰语是"俄罗斯球员"，"9月9日上午"是时间状语。有了上面的句法分析结果就可以比较容易地看到，"击败"是由"纳达尔"击败，而不是"亚瑟·阿什球场"，即使它是名词且距离"击败"更近。

4.2　能力提升训练——基于 PCFG 的句法分析

1. 训练目标

1）掌握使用 Python 实现短语结构句法分析的过程。

2）了解短语结构句法分析的可视化方法。

2. 案例分析

本案例将采用 Stanford parser 来演示基于 PCFG 的句法分析方法。Stanford parser 是由斯坦福大学自然语言处理小组开发的开源句法分析器,是基于概率统计句法分析的一个 Java实现。Stanford parser 的优点在于:

1)既是一个高度优化的概率上下文无关文法和词汇化依存分析器,也是一个词汇化上下文无关文法分析器。

2)基于权威可靠的宾州树库(Penn Treebank)作为分析器的训练数据,目前已面向英文、中文、德文、阿拉伯文、意大利文、保加利亚文、葡萄牙文等语种提供句法分析功能。

3)提供了多样化的分析输出形式,除句法分析树输出外,还支持分词和词性标注文本输出、短语结构树输出、斯坦福依存关系输出等。

4)分析器内置了分词工具、词性标注工具、基于自定义树库的分析器训练工具等句法分析辅助程序。

5)通过设置不同的运行参数,可实现句法分析模型选择、自定义词性标记集、文本编码设置和转换、语法关系导入和导出等功能的定制。

3. 实施步骤

Stanford parser 的底层是由 Java 实现的,因此需要确保安装 JDK。需要注意的是,在安装好 JDK 后,需要配置环境变量。除此之外,Stanford parser 的 Python 封装是在 nltk 库中实现的,因此需要安装 nltk 库。nltk 是一款 Python 的自然语言处理工具,但主要针对英文,对中文的支持较差。

(1)JDK 的安装和配置

JDK(Java Development Kit,Java 开发工具包)是 Oracle 提供的一套用于开发 Java 应用程序的开发包,它提供编译,运行 Java 程序所需要的各种工具和资源,包括 Java 编译器、Java 运行时环境以及常用的 Java 类库等。

JRE(Java Runtime Environment,Java 运行环境)是 Java 程序运行的必要条件。JDK 中已经包含了 JRE,安装 JDK 后无需再单独安装 JRE。开发 Java 程序只需要安装 JDK 即可,如果只是作为用户运行 Java 程序,则只需要安装 JRE。这里需要首先安装配置好 JDK。

JDK 的安装和配置的详细步骤:首先下载 JDK(下载地址:https://www.oracle.com/java/technologies/javase-downloads.html),单击对应版本进行下载,如图 4-3 所示。

图 4-3　JDK 官网

这里的版本是 Java SE 8，单击 "Oracle JDK" 进行下载，如图 4-4 所示。

| Windows x86 | 154.48 MB | ⤓ jdk-8u271-windows-i586.exe |
| Windows x64 | 166.79 MB | ⤓ jdk-8u271-windows-x64.exe |

图 4-4　JDK 下载

配置 Java 的环境变量：右击 "此电脑" 选择 "属性" → "高级系统设置" → "环境变量" 命令，对 Windows 系统的系统变量进行配置，如图 4-5 所示。

图 4-5　环境变量

第一步，在系统变量中，新建 JAVA_HOME 变量，变量值填写 JDK 的安装目录，默认的安装目录是：C：\Program files\Java\jdk1.8.0_271，如图 4-6 所示。

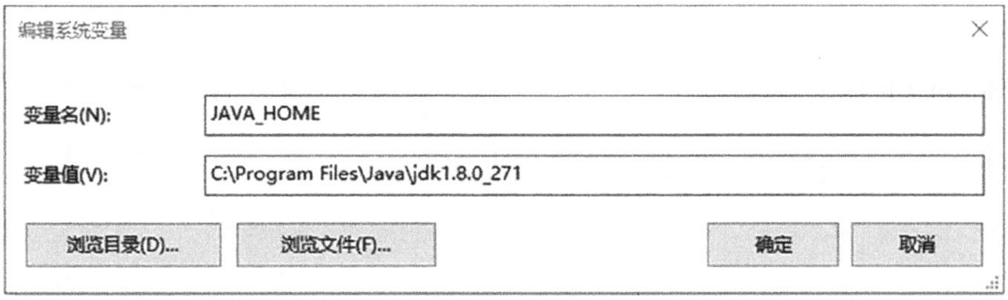

图 4-6　配置 JAVA_HOME

第二步，编辑 Path 变量，在 Path 变量值的最后输入"%JAVA_HOME%\bin;%JAVA_HOME%\jre\bin;"，如图 4-7 所示。

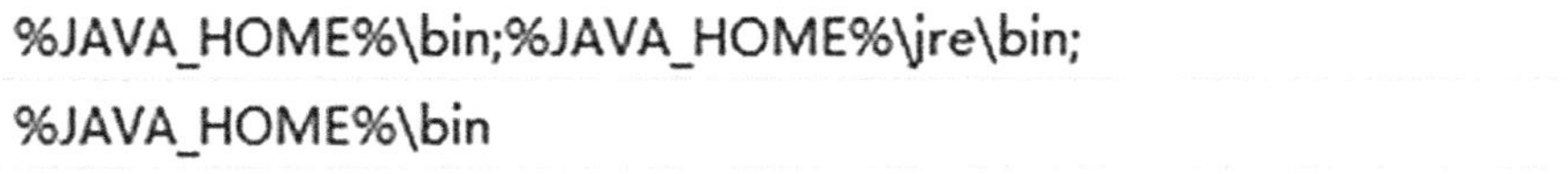

%JAVA_HOME%\bin;%JAVA_HOME%\jre\bin;
%JAVA_HOME%\bin

图 4-7　配置 Path 变量

测试是否安装成功，按 <Windows + R> 组合键，输入 cmd，进入命令行界面，输入：java －version 和 javac，能够成功输出信息则说明安装成功，如图 4-8 所示。

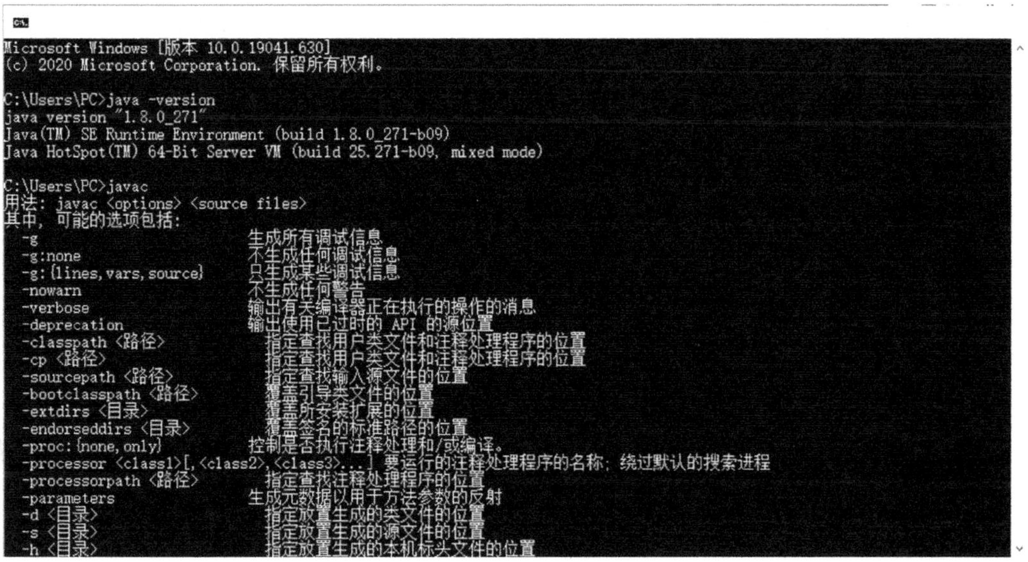

图 4-8　验证

（2）安装 NITK

在命令行输入：pip install nltk，安装完成后，需要下载相关的 NLTK data。

```
import nltk
#安装语料库
nltk. download( )
```

运行上述程序，会跳出一个窗口，如图4-9 所示。

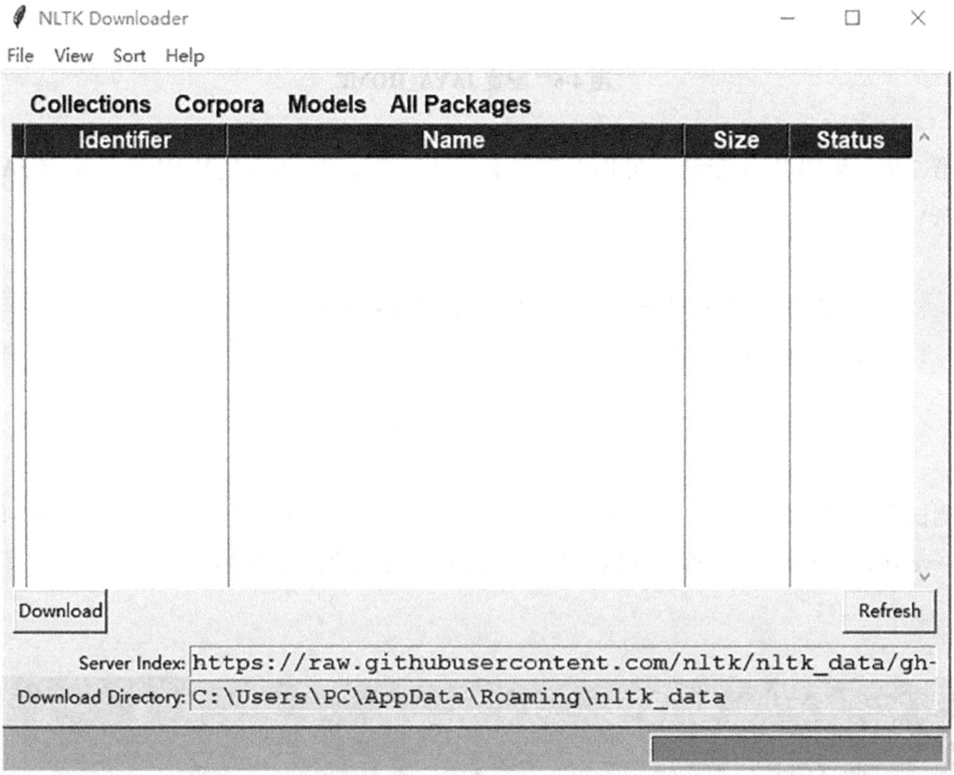

图4-9　NLTK data 下载

选择需要的语料库和预训练模型进行下载。如果下载失败，可以选择手动安装。输入：

```
import nltk. data
```

如果报错，则如图 4-10 所示。

记录"Searched in"下的任意一个地址。打开 https：//github. com/nltk/nltk_data，如图4-11所示。

```
LookupError:
***********************************************************************
  Resource gutenberg not found.
  Please use the NLTK Downloader to obtain the resource:

  >>> import nltk
  >>> nltk.download('gutenberg')

  For more information see: https://www.nltk.org/data.html

  Attempted to load corpora/gutenberg.zip/gutenberg/

  Searched in:
    - 'C:\\Users\\PC/nltk_data'
    - 'E:\\anaconda\\envs\\NLP_tensorflow2_1\\nltk_data'
    - 'E:\\anaconda\\envs\\NLP_tensorflow2_1\\share\\nltk_data'
    - 'E:\\anaconda\\envs\\NLP_tensorflow2_1\\lib\\nltk_data'
    - 'C:\\Users\\PC\\AppData\\Roaming\\nltk_data'
    - 'C:\\nltk_data'
    - 'D:\\nltk_data'
    - 'E:\\nltk_data'
***********************************************************************

During handling of the above exception, another exception occurred:
```

图 4-10　错误信息

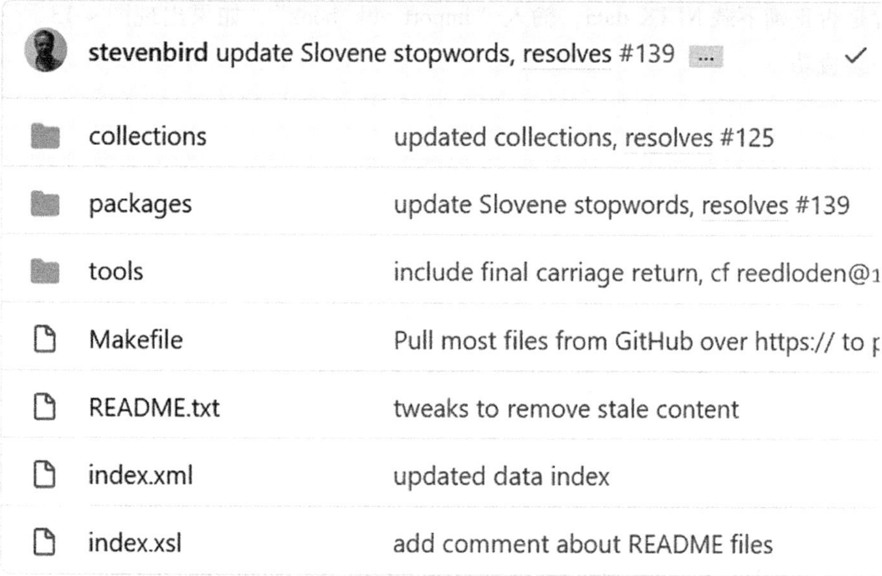

图 4-11　nltk_data

下载其中的第二个文件夹 packages，内容如图 4-12 所示。将下载好的文件夹下的所有内容复制到之前"Searched in"下的任一地址。这里需要注意的是，复制文件夹下的内容，而不是文件夹。

图 4-12　下载内容

　　查看是否正确下载 NLTK data，输入"import nltk. book"，如果出现图 4-13 所示的内容则表示安装成功。

```
[10]: import nltk.book

      *** Introductory Examples for the NLTK Book ***
      Loading text1, ..., text9 and sent1, ..., sent9
      Type the name of the text or sentence to view it.
      Type: 'texts()' or 'sents()' to list the materials.
      text1: Moby Dick by Herman Melville 1851
      text2: Sense and Sensibility by Jane Austen 1811
      text3: The Book of Genesis
      text4: Inaugural Address Corpus
      text5: Chat Corpus
      text6: Monty Python and the Holy Grail
      text7: Wall Street Journal
      text8: Personals Corpus
      text9: The Man Who Was Thursday by G . K . Chesterton 1908
```

图 4-13　验证 NLTK data 的安装

将每个文件夹下的所有压缩文件解压，完成 nltk 的安装。

（3）下载 Stanford parser 的 jar 包

需要的 Stanford parser 的 jar 包主要有两个：stanford － parser. jar 和 stanford － parser －

4.2.0（版本号） – models. jar。下载地址为：https：//nlp. stanford. edu/software/lex – par-ser. shtml#Download。

单击"Download Stanford Parser version 4.2.0"进行下载，如图4-14所示，下载成功后进行解压，得到一个文件夹"stanford – parser – full – 2020 – 11 – 17"。

Download

Download Stanford Parser version 4.2.0

The standard download includes models for Arabic, Chinese, English, French, German, and Spanish. There are additional models we do not release with the standalone parser, including shift-reduce models, that can be found in the models jars for each language. Below are links to those jars.

Arabic Models Chinese Models English Models French Models German Models Spanish Models

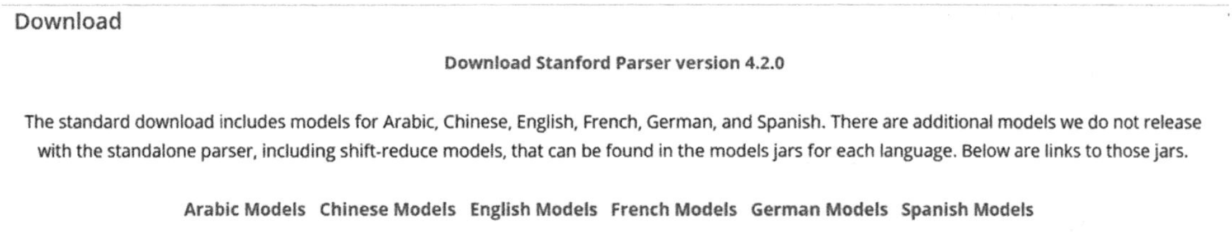

图4-14　Stanford parser

（4）短语结构句法分析

Stanford parser 目前提供了 5 个中文文法：chinesePCFG、chineseFactored、xinhuaPCFG、xinhuaFactored 和 xinhuaFactoredSegmenting。其中前 4 个都需要先分词，只有最后一个内置了分词，不需要先进行分词。本案例采用 chinesePCFG 进行句法分析。

```
#jieba 分词
import jieba
string = '9 月 9 日上午纳达尔在亚瑟·阿什球场击败俄罗斯球员梅德韦杰夫'

seg_list = jieba. cut( string, cut_all = False, HMM = True)
seg_str = ' '. join( seg_list)
print( seg_str)


#PCFG 句法分析
from nltk. parse import stanford


root = '. / stanford - parser - full - 2020 - 11 - 17/'
parser_path = root + 'stanford - parser. jar'
model_path = root + 'stanford - parser - 4. 2. 0 - models. jar'


#PCFG 模型路径
pcfg_path = 'edu/stanford/nlp/models/lexparser/chinesePCFG. ser. gz'
```

```
parser = stanford. StanfordParser( path_to_jar = parser_path, path_to_models_jar = model_
path, model_path = pcfg_path)

sentence = parser. raw_parse( seg_str)
for line in sentence：
    print( line)
    line. draw()
```

运行上述程序，输出结果如下（见图 4 - 15）：

9 月 9 日 上午 纳达尔 在 亚瑟 · 阿什 球场 击败 俄罗斯 球员 梅德韦 杰夫

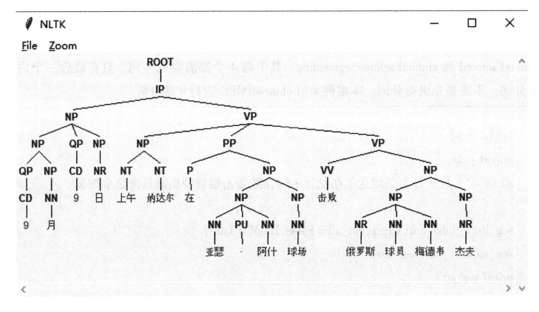

图 4-15 运行结果

除了上述方法，实现短语结构句法分析的可视化还可以选择使用"stanford - parser - full - 2020 - 11 - 17"文件夹下的 lexparser - gui. bat 文件，双击打开该文件。其中，"Load file"是要进行句法分析的文件，"Load Parser"是使用的模型。需要注意的是 5 个文法模型中，有的需要提前分词，因此，输入的文件应该是分词的结果。依然选用 chinesePCFG 进行句法分析，对"9 月 9 日 上午 纳达尔 在 亚瑟 · 阿什 球场 击败 俄罗斯 球员 梅德韦 杰夫"进行句法分析，加载文件和模型后，单击"Parse"按钮，如图 4 - 16 所示。

图 4-16　短语结构句法分析的可视化

4.3　能力提升训练——依存句法分析

1. 训练目标

1）掌握使用 Python 实现依存句法分析的方法。

2）了解依存句法分析的可视化方法。

2. 案例分析

LTP 提供了依存句法分析模型，但不能实现可视化。因此这一小节使用了两个第三方工具 HanLP 和 Dependency Viewer 来实现依存句法分析的可视化。

HanLP 是 Hankcs 主持并开源的由一系列模型和算法组成的工具包，具有功能完善、性能高效、架构清晰、语料时新、可自定义等特点，提供词法分析、句法分析、文本分析和情感分析等功能，已被广泛应用在工业、科研、教育等领域中。

Dependency Viwer 是南京大学自然语言处理研究组制作的一个依存句法可视化工具，一个用于可视化显示、编辑、统计 CONLL 格式依存树的工具，有助于直观展示依存结构，辅助用户编辑和查找错误。

3. 实施步骤

（1）基于 LTP 的依存句法分析

LTP 提供了依存句法分析模型。使用 LTP 实现依存句法分析时，需要在词性标注的基础上进行，因此首先需要进行分词和词性标注。

```
import os
#加载模型文件
LTP_DATA_DIR = 'ltp_data_v3.4.0'    #ltp 模型目录的路径
pos_model_path = os. path. join(LTP_DATA_DIR, 'pos. model')
cws_model_path = os. path. join(LTP_DATA_DIR, 'cws. model')
par_model_path = os. path. join(LTP_DATA_DIR, 'parser. model')


sent = "9 月 9 日上午纳达尔在亚瑟·阿什球场击败俄罗斯球员梅德韦杰夫"


#分词
from pyltp import Segmentor
segmentor = Segmentor()    #初始化实例
segmentor. load_with_lexicon(cws_model_path, 'dict1. txt')    #加载模型
words = list(segmentor. segment(sent)) #分词
segmentor. release()    #释放模型
print("分词:", words)


#词性标注
from pyltp import Postagger()
```

```
postagger = Postagger
#初始化实例
postagger. load( pos_model_path)    #加载模型
postags = postagger. postag( words)    #词性标注
tags = list(''. join( postags) )
postagger. release( )   #释放模型
print ( "词性标注:" ,tags)
```

运行上述程序, 输出结果如下:

分词:['9 月', '9 日', '上午', '纳达尔', '在', '亚瑟·阿什', '球场', '击败', '俄罗斯', '球员', '梅德韦杰夫']

词性标注:['n', 't', 'n', 't', 'n', 't', 'n', 'h', 'p', 'n', 's', 'n', 'v', 'n', 's', 'n', 'n', 'h']

在词性标注的基础上, 进行依存句法分析。

```
#依存句法分析
from pyltp import Parser
parser = Parser( ) #初始化实例
parser. load( par_model_path)    #加载模型
arcs = parser. parse( words, postags)    #句法分析
print ('依存句法分析1:','\t'. join("%d:%s" % ( arc. head, arc. relation) for arc in arcs) )
```

运行上述程序, 输出结果如下:

依存句法分析 1:2:ATT 3:ATT 8:ADV 8:SBV 8:ADV 7:ATT 5:POB 0:HED 10:ATT 11:ATT 8:VOB

为了更加清楚地显示依存关系, 提取每个词的父节点以及它们之间的依存关系。

```
print( "依存句法分析 2:")
rely_id = [ arc. head for arc in arcs]    #提取依存父节点 id
relation = [ arc. relation for arc in arcs] #提取依存关系
heads = ['Root' if id = =0 else words[ id −1] for id in rely_id]    #匹配依存父节点词语
for i in range( len( words) ):
    print( relation[ i] +'(' + words[ i] +', ' + heads[ i] +')')
```

运行上述程序，输出结果如下：

```
依存句法分析2：
ATT(9月,9日)
ATT(9日,上午)
ADV(上午,击败)
SBV(纳达尔,击败)
ADV(在,击败)
ATT(亚瑟·阿什,球场)
POB(球场,在)
HED(击败,Root)
ATT(俄罗斯,球员)
ATT(球员,梅德韦杰夫)
VOB(梅德韦杰夫,击败)
```

（2）基于 HanLP 的依存句法分析

绘制依存句法分析的结果，使用 HanLP 来实现，需要注意的是使用时需要确保已经安装并配置好 JDK。安装方式为：pip install pyhanlp。在首次运行时会自动下载 data. zip，如图 4-17 所示。

```
下载 https://file.hankcs.com/hanlp/hanlp-1.7.8-release.zip 到 E:\anaconda3\envs\tf
\lib\site-packages\pyhanlp\static\hanlp-1.7.8-release.zip
100.00%, 1 MB, 2200 KB/s, 还有 0 分  0 秒
下载 https://file.hankcs.com/hanlp/data-for-1.7.5.zip 到 E:\anaconda3\envs\tf\lib
\site-packages\pyhanlp\static\data-for-1.7.8.zip
6.95%, 44 MB, 7743 KB/s, 还有 1 分 18 秒   秒
IOPub message rate exceeded.
The notebook server will temporarily stop sending output
to the client in order to avoid crashing it.
To change this limit, set the config variable
`--NotebookApp.iopub_msg_rate_limit`.

Current values:
NotebookApp.iopub_msg_rate_limit=1000.0 (msgs/sec)
NotebookApp.rate_limit_window=3.0 (secs)

23.09%, 147 MB, 7052 KB/s, 还有 1 分 11 秒
```

图 4-17　data. zip 下载

下载完成后会自动解压并开始任务。如果在下载 data. zip 时报错，可以选择手动下载（下载地址：https://github. com/hankcs/HanLP/releases），并放置到要求的路径下（输入），重新运行，同样会自动完成解压。

但如果没有安装 JDK，会报如下错误，提示安装 JDK，并询问是否跳转到 JDK 所在网站下载 JDK，如图 4-18 所示。

```
to the client in order to avoid crashing it.
To change this limit, set the config variable
`--NotebookApp.iopub_msg_rate_limit`.

Current values:
NotebookApp.iopub_msg_rate_limit=1000.0 (msgs/sec)
NotebookApp.rate_limit_window=3.0 (secs)

100.00%, 637 MB, 7539 KB/s, 还有 0 分  0 秒
解压 data.zip...
找不到Java, 请安装JDK8: https://www.oracle.com/technetwork/java/javase/downloads/jd
k8-downloads-2133151.html
是否前往 https://www.oracle.com/technetwork/java/javase/downloads/jdk8-downloads-2
133151.html ? (y/n) y
------------------------------------------------------------------------
JVMNotFoundException                    Traceback (most recent call last)
E:\anaconda3\envs\tf\lib\site-packages\pyhanlp\__init__.py in _start_jvm_for_hanl
```

图 4-18　报错信息

使用 HanLP 进行依存句法分析：

```
from pyhanlp import HanLP

para_sen = "9 月 9 日上午纳达尔在亚瑟·阿什球场击败俄罗斯球员梅德韦杰夫"
sentence = HanLP. parseDependency(para_sen)
#print(sentence)


#输出依存文法的结果 txt 文件,在 Windows 系统下的 Dependency Viewer. exe 打开
文件
path = "text_return. txt"
with open(path, "w", encoding = 'utf - 8') as f:
    f. write(str(sentence))
print("path:% s" % (path))
```

运行上述程序后，打开 path 的文件，其内容为依存句法分析的结果，如图 4-19 所示。

```
text_return.txt - 记事本
文件(F)  编辑(E)  格式(O)  查看(V)  帮助(H)
1      9月9日       9月9日          nt      t                    2      定中关系
2      上午         上午            nt      t                    6      状中结构
3      纳达尔       纳达尔          nh      nrf                  6      主谓关系
4      在           在              p                            6      状中结构
5      亚瑟·阿什球场  亚瑟·阿什球场    n       n                    4      介宾关系
6      击败         击败            v       v                    0      核心关系
7      俄罗斯       俄罗斯          ns      ns                   8      定中关系
8      球员         球员            n       n                    9      定中关系
9      梅德韦杰夫    梅德韦杰夫       nh      nrf                  6      动宾关系
```

图 4-19   运行结果

现在已经得到了依存句法分析的结果，下面使用 Dependency Viewer（下载地址：http://nlp. nju. edu. cn/tanggc/tools/DependencyViewer. html）来实现依存关系可视化。下载完成后打开软件，单击 file→Read Conll file 命令，如图 4-20 所示，找到刚刚保存的 text_re-turn. txt，打开得到依存句法分析可视化结果图，如图 4-21 所示。

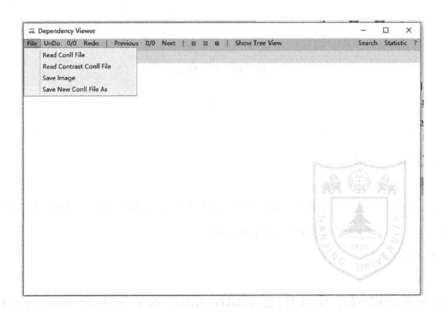

图 4-20   Dependency Viewer

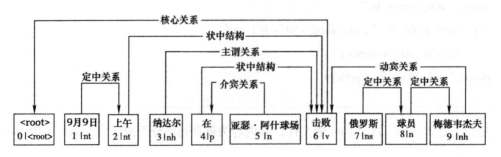

图 4-21   依存句法分析可视化结果图

单击"Show Tree View"按钮可以得到树形图，可以通过"Save Image"命令保存树形图，如图 4-22 所示。

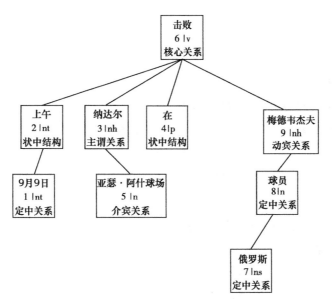

图 4-22　树形图

单元小结

本单元主要对句法分析进行了介绍，尤其是其中的短语结构句法分析和依存句法分析，并基于 Python 实现了短语结构句法分析和依存句法分析，借助其他工具实现了句法分析结果的可视化。

学习评估

课程名称：句法分析			
学习任务：基于 PCFG 的句法分析、依存句法分析			
课程性质：理实一体课程		综合得分：	

知识掌握情况评分（45 分）

序号	知识考核点	配分	得分
1	句法分析的分类	15	
2	短语结构句法分析和依存句法分析的区别	15	
3	短语结构句法分析和依存句法分析的可视化结果	15	

工作任务完成情况评分（55 分）

序号	能力操作考核点	配分	得分
1	安装 NLTK，并下载相关的 NLTK data	15	
2	使用 Python 进行短语结构句法分析和依存句法分析	25	
3	对句法分析结果进行可视化	15	

课后习题

1. 什么是依存句法分析和短语结构分析？

2. 对下面句子进行依存句法分析并可视化：

人民网是《人民日报》建设的大型网上信息交互平台，是人民日报社控股的传媒文化上市公司，是国际互联网上最大的综合性网络媒体之一。

Unit 5

NLP中的深度学习

单元概述

前面几个单元主要学习了基于规则的方法和基于统计的方法，本单元将学习自然语言处理中的深度学习知识。

目前，自然语言处理有三大特征抽取器，分别是：CNN、RNN 和 transformer。2017 年以前，NLP 领域中效果最好的网络往往都采用了循环神经网络（Recurrent Neural Networks，RNN）结构，这里说的 RNN 包括 LSTM 以及其他改进的 RNN。2017 年，Google 团队在 *Attention is All You Need* 中提出了 transformer 模型，该论文完全抛弃了 CNN、RNN、LSTM 等网络结构，提出了使用 Attention 机制来进行机器翻译任务，并取得了很好的效果。之后，transformer 结构应用于 BERT、GPT 系列等网络，成为目前 NLP 中主流的特征抽取器。本单元将介绍 RNN、LSTM、transformer 模型的结构和涉及的知识点。

学习目标

知识目标

- 掌握 RNN 和 LSTM 的组成结构；
- 掌握 RNN 发生梯度消失的原因和结果；
- 理解 RNN 和 LSTM 的前向传播和反向传播过程；
- 了解 LSTM 相对于 RNN 的优点；
- 理解 Attention 机制为什么能够取得更好的效果；
- 了解 transformer 模型的结构。

5.1 RNN

传统的神经网络中，通常假设所有的输入和输出之间都是相互独立的，但对于很多任务来说，这个假设并不成立。例如，在机器翻译中，要预测下一个单词，就必须在前面单词已知的基础上。循环神经网络在神经网络的基础上增加了记忆单元，针对序列中的每一个元素都执行相同的操作，每一时刻都是在之前所有时刻的基础上进行计算，因此可以更好地处理系列相关的问题。RNN 基本网络单元如图 5-1 所示，其中 x_t 为输入，h_t 为输出，模块 A 可以将信息从上一时刻传递到当前时刻。

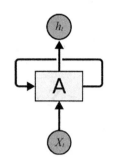

图 5-1　RNN 基本网络单元

1. RNN 的前向传播

将 RNN 的一个基本网络单元展开如图 5-2 所示。其中，当前时刻输入为 x_t，用于更新状态，上一时刻隐藏层的状态为 h_{t-1}，用于记忆之前时刻的状态，U、V、W 为网络参数，这里的网络参数与神经网络不同点在于不同时刻的网络共用的是同一套参数。

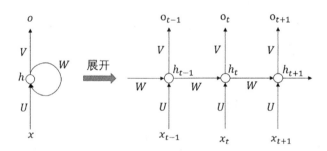

图 5-2　RNN 基本网络单元展开

前向传播（Forward Propagation）过程为：

$$h_t = \sigma(z_t) = tanh(U x_t + W h_{t-1} + b)$$

$$o_t = V h_t + c$$

$$\widehat{y_t} = Softmax(o_t)$$

$$L = \sum_{t=1}^{T} L_t$$

式中，h_t 是隐藏层状态，o_t 是模型输出，$\widehat{y_t}$ 是预测输出，L 是模型的损失函数。

2. RNN 的反向传播

与神经网络采用反向传播（Back Propagation，BP）算法来训练网络不同，RNN 采用随时间反向传播（Back-Propagation Through Time，BPTT）算法来训练网络。其本质还是 BP 算法，依旧采用梯度下降算法求解各个参数。

RNN 的参数主要有 U、V、W，对它们分别求导。对 V 求导：

$$\frac{\partial L_t}{\partial V} = \frac{\partial L_t}{\partial o_t} \cdot \frac{\partial o_t}{\partial V}$$

$$L = \sum_{t=1}^{T} L_t$$

$$\frac{\partial L}{\partial V} = \sum_{t=1}^{T} \frac{\partial L_t}{\partial o_t} \cdot \frac{\partial o_t}{\partial V}$$

对 U 和 W 求导：

$$\frac{\partial L_t}{\partial W} = \frac{\partial L_t}{\partial o_t} \cdot \frac{\partial o_t}{\partial h_t} \cdot \frac{\partial o_t}{\partial W} + \frac{\partial L_t}{\partial o_t} \cdot \frac{\partial o_t}{\partial h_t} \cdot \frac{\partial o_t}{\partial h_{t-1}} \cdot \frac{\partial o_{t-1}}{\partial W} + \cdots + \frac{\partial L_t}{\partial o_t} \cdot \frac{\partial o_t}{\partial o_t} \cdot \frac{\partial o_t}{\partial o_{t-1}} + \cdots + \frac{\partial o_2}{\partial o_1} \cdot \frac{\partial o_1}{\partial W}$$

$$= \sum_{k=0}^{t} \frac{\partial L_t}{\partial o_t} \cdot \frac{\partial o_t}{\partial h_t} \left(\prod_{j=k+1}^{t} \frac{\partial h_j}{\partial h_{j-1}} \right) \frac{\partial h_k}{\partial W}$$

$$\frac{\partial L_t}{\partial U} = \frac{\partial L_t}{\partial o_t} \cdot \frac{\partial o_t}{\partial h_t} \cdot \frac{\partial h_t}{\partial U} + \frac{\partial L_t}{\partial o_t} \cdot \frac{\partial o_t}{\partial h_t} \cdot \frac{\partial h_t}{\partial h_{t-1}} \cdot \frac{\partial h_{t-1}}{\partial U} + \cdots + \frac{\partial L_t}{\partial o_t} \cdot \frac{\partial o_t}{\partial h_t} \cdot \frac{\partial h_t}{\partial h_{t-1}} + \cdots + \frac{\partial h_2}{\partial h_1} \cdot \frac{\partial h_1}{\partial U}$$

$$= \sum_{k=0}^{t} \frac{\partial L_t}{\partial o_t} \cdot \frac{\partial o_t}{\partial h_t} \left(\prod_{j=k+1}^{t} \frac{\partial h_j}{\partial h_{j-1}} \right) \frac{\partial h_k}{\partial U}$$

在某一时刻对 U 和 W 求偏导数，需要考虑之前所有时刻的信息，而整体的损失函数等于对所有时刻的损失函数求和。

其中，连乘部分：

$$\prod_{j=k+1}^{t} \frac{\partial h_j}{\partial h_{j-1}} = \prod_{j=k+1}^{t} tanh' \cdot W_s$$

$tanh$ 和 $tanh'$ 函数曲线如图 5-3 所示。$\prod_{j=k+1}^{t} \frac{\partial h_j}{\partial h_{j-1}}$ 会导致激活函数导数的连乘，而导数均为绝对值小于 1 的数值，使得梯度越来越小而接近于 0，发生梯度消失现象。

需要注意的是这里的梯度消失并没有导致损失函数对参数的导数为 0，也就是说 RNN 的梯度消失依然可以更新参数，但会使得前面部分的输入对网络参数的更新没有影响，也就是说无法学习到远距离的依赖关系。除此之外，由于 RNN 的后续状态需要用到前面的状态，所以难以并行运算，训练速度较慢。

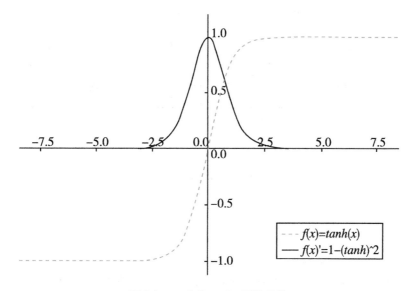

图5-3　$tanh$ 和 $tanh'$ 函数曲线

5.2　LSTM

由于 RNN 会发生梯度消失问题，导致无法处理长期依赖问题，因此提出了长短时记忆网络（Long Short Term Memory network，LSTM）。它是一种特殊的 RNN，可以学习长期依赖信息，在一定程度上解决了梯度消失的问题。

RNN 结构如图5-4 所示，它是一种具有链式重复模块的神经网络，而其中的重复模块也相对较为简单。

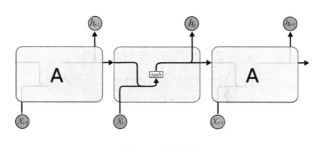

图5-4　RNN 结构

LSTM 结构如图5-5 所示，同样也具有链式结构，但它的重复模块较为复杂。除了和RNN 相同的隐藏状态 h_t 以外，还多了一个隐藏状态 C_t，也称为细胞状态（Cell State）。

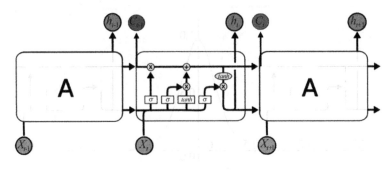

图 5-5　LSTM 结构

1. LSTM 的前向传播

LSTM 通过门（gate）结构来决定需要记住和忘记什么信息。门是可以控制信息有选择性通过的一种结构。其结构如图 5-6 所示，由 Sigmoid 层和按位乘法操作组成。其中，Sigmoid 层的输出范围为 0 到 1，代表可以有多少信息可以通过，1 表示全部通过，0 表示全部不通过。

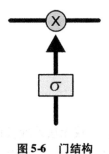

图 5-6　门结构

LSTM 的核心在于通过三个门结构来控制单元状态。

1）由遗忘门（Forget Gate）的 Sigmoid 函数来控制哪些信息需要被忘记，如图 5-7 所示。

$$f_t = \sigma(W_f \cdot [h_{t-1}, x_t] + b_f)$$

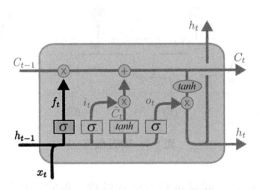

图 5-7　遗忘门

2）由输入门（Input Gate）来决定要记住哪些信息，如图5-8所示。

$$i_t = \sigma(W_i \cdot [h_{t-1}, x_t] + b_i)$$

$$\widetilde{C_t} = tanh(W_c h[h_{t-1}, x_t] + b_C)$$

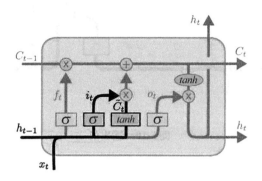

图5-8 输入门

3）结合上一时刻的单元状态 C_{t-1} 和 $\widetilde{C_t}$ 来对单元状态进行更新，如图5-9所示。

$$C_t = f_t \cdot C_{t-1} + i_t \cdot \widetilde{C_t}$$

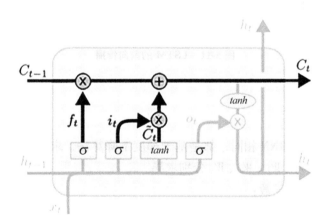

图5-9 单元状态更新

最后，由输出门决定输出哪些内容，如图5-10所示。

$$o_t = \sigma(W_o \cdot [h_{t-1}, x_t] + b_o)$$

$$h_t = o_t \cdot tanh(C_t)$$

可以将上述的前向传播总结为图5-11所示内容，最终输出为：

$$\widehat{y_t} = \text{Softmax}(V h_t + c)$$

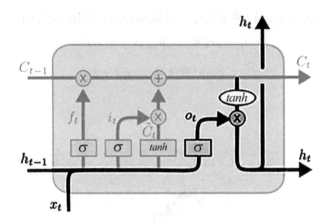

图 5-10 输出门

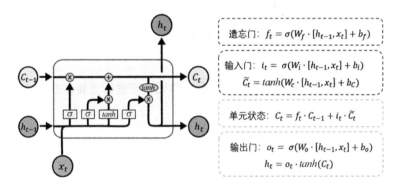

图 5-11 LSTM 的前向传播

2. LSTM 的反向传播

LSTM 的反向传播与 RNN 相同，都是基于梯度下降算法，求解各个参数，不同点在于参数要更多，这里对 W_f、W_i、W_c、W_o 分别求导。

常见的激活函数及其导数：

Sigmoid 函数：

$$f(z) = \frac{1}{1 + e^{-z}}$$

$$f(z)' = f(z)(1 - f(z))$$

tanh 函数：

$$f(z) = tanh(z)$$

$$f(z)' = 1 - (f(z))^2$$

反向传播过程：

1）$h_t = o_t \cdot tanh(C_t)$，求 $\frac{\partial L_t}{\partial o_t}$ 和 $\frac{\partial L_t}{\partial C_t}$：

$$\frac{\partial L_t}{\partial o_t} = \frac{\partial L_t}{\partial h_t} \cdot tanh(C_t)$$

$$\frac{\partial L_t}{\partial C_t} = \frac{\partial L_t}{\partial h_t} \cdot o_t \cdot [1 - (tanh(C_t))^2]$$

2）$C_t = f_t \cdot C_{t-1} + i_t \cdot \widetilde{C_t}$，求 $\frac{\partial L_t}{\partial f_t}$、$\frac{\partial L_t}{\partial C_{t-1}}$、$\frac{\partial L_t}{\partial i_t}$、$\frac{\partial L_t}{\partial \widetilde{C_t}}$：

$$\frac{\partial L_t}{\partial f_t} = \frac{\partial L_t}{\partial C_t} \cdot \frac{\partial C_t}{\partial f_t} = \frac{\partial L_t}{\partial C_t} \cdot C_{t-1}$$

$$\frac{\partial L_t}{\partial C_{t-1}} = \frac{\partial L_t}{\partial C_t} \cdot \frac{\partial C_t}{\partial C_{t-1}} = \frac{\partial L_t}{\partial C_t} \cdot f_t$$

$$\frac{\partial L_t}{\partial i_t} = \frac{\partial L_t}{\partial C_t} \cdot \frac{\partial C_t}{\partial i_t} = \frac{\partial L_t}{\partial C_t} \cdot \widetilde{C_t}$$

$$\frac{\partial L_t}{\partial \widetilde{C_t}} = \frac{\partial L_t}{\partial C_t} \cdot \frac{\partial C_t}{\partial \widetilde{C_t}} = \frac{\partial L_t}{\partial C_t} \cdot i_t$$

3）$f_t = \sigma(W_f \cdot [h_{t-1}, x_t] + b_f)$，求 $\frac{\partial L_t}{\partial W_f}$、$\frac{\partial L_t}{\partial W_i}$、$\frac{\partial L_t}{\partial W_c}$、$\frac{\partial L_t}{\partial W_o}$：

$$\frac{\partial L_t}{\partial W_f} = \frac{\partial L_t}{\partial f_t} \cdot \frac{\partial f_t}{\partial W_f} = \frac{\partial L_t}{\partial f_t} \cdot \frac{\partial(\sigma(W_f \cdot [h_{t-1}, x_t] + b_f))}{\partial W_f}$$

$$= \frac{\partial L_t}{\partial f_t} \cdot f_t \cdot (1 - f_t) \frac{\partial(W_f \cdot [h_{t-1}, x_t] + b_f)}{\partial W_f} = \frac{\partial L_t}{\partial f_t} \cdot f_t \cdot (1 - f_t) \cdot [h_{t-1}, x_t]^T$$

$$\frac{\partial L_t}{\partial W_i} = \frac{\partial L_t}{\partial i_t} \cdot \frac{\partial i_t}{\partial W_i} = \frac{\partial L_t}{\partial i_t} \cdot f_i \cdot (1 - f_i) \cdot [h_{t-1}, x_t]^T$$

$$\frac{\partial L_t}{\partial W_c} = \frac{\partial L_t}{\partial \widetilde{C_t}} \cdot \frac{\partial \widetilde{C_t}}{\partial W_c} = \frac{\partial L_t}{\partial \widetilde{C_t}} \cdot \frac{\partial(tanh(W_c \cdot [h_{t-1}, x_t] + b_c))}{\partial W_c}$$

$$= \frac{\partial L_t}{\partial \widetilde{C_t}} \cdot (1 - tanh^2(\widetilde{C_t})) \cdot \frac{\partial(W_c \cdot [h_{t-1}, x_t] + b_c)}{\partial W_c} = \frac{\partial L_t}{\partial \widetilde{C_t}} \cdot (1 - tanh^2(\widetilde{C_t})) \cdot$$

$$[h_{t-1}, x_t]^T$$

$$\frac{\partial L_t}{\partial W_o} = \frac{\partial L_t}{\partial o_t} \cdot \frac{\partial o_t}{\partial W_o} = \frac{\partial L_t}{\partial o_t} \cdot o_t \cdot (1 - o_t) \cdot [h_{t-1}, x_t]^T$$

4）求解 $\frac{\partial L_t}{\partial h_t}$：

为方便推导，将损失函数 L_t 分为两部分，第一部分是 t 时刻的损失，第二部分是 t 时刻之后的损失函数 L_{t+1}。

$$L_t = \begin{cases} l_t + L_{t+1}, & if\ t < \tau \\ l_t, & if\ t = \tau \end{cases}$$

$$\frac{\partial L_t}{\partial h_t} = \frac{\partial l_t}{\partial h_t} + \frac{\partial L_{t+1}}{\partial h_t} = \frac{\partial l_t}{\partial h_t} + \left(\frac{\partial h_{t+1}}{\partial h_t}\right)^T \cdot \frac{\partial L_{t+1}}{\partial h_{t+1}} = V \cdot (\widehat{y_t} - y_t) + \left(\frac{\partial h_{t+1}}{\partial h_t}\right)^T \cdot \frac{\partial L_{t+1}}{\partial h_{t+1}}$$

求解 $\dfrac{\partial h_{t+1}}{\partial h_t}$，即可得到 $\dfrac{\partial L_t}{\partial h_t}$ 的一个递推公式。

$$\frac{\partial h_{t+1}}{\partial h_t} = \frac{\partial(o_{t+1} \cdot tanh(C_{t+1}))}{\partial h_t}$$

$$= tanh(C_{t+1}) \cdot \frac{\partial(o_{t+1})}{\partial h_t} + o_{t+1} \cdot (1 - tanh^2(C_{t+1})) \cdot \frac{\partial(C_{t+1})}{\partial h_t}$$

其中：

$$\frac{\partial(C_{t+1})}{\partial h_t} = \frac{\partial(f_{t+1} \cdot C_t + i_{t+1} \cdot \widetilde{C_{t+1}})}{\partial h_t}$$

$$= C_t \cdot f_{t+1} \cdot (1 - f_{t+1}) \cdot W_f + i_{t+1} \cdot (1 - (\widetilde{C_t})^2) \cdot W_c + \widetilde{C_{t+1}} \cdot i_{t+1} \cdot (1 - i_{t+1}) \cdot W_i$$

到这为止，已经完成了 LSTM 的反向传播。在 RNN 中，由于激活函数的导数连乘导致了梯度消失，而 LSTM 并没有会随着时间的推移而越来越小的项，因此可以在一定程度上解决梯度消失问题。

3. 双向 LSTM

通常在处理序列问题时，都会考虑当前时刻的输出与前面时刻的输出有关，但有时当前时刻的输出不仅与前面时刻的输入相关，还和未来时刻的输出相关，此时就需要使用双向 LSTM。双向 LSTM 是将时间上从序列起点开始移动的 LSTM 和从序列末尾开始移动的 LSTM 相结合，其结构如图 5-12 所示。

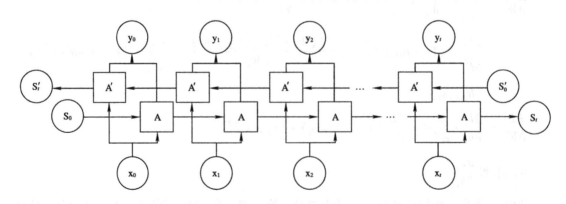

图 5-12　双向 LSTM

在 Forward 层从 0 时刻到 t 时刻正向计算一遍，获得并保存每一个时刻向前隐含层的输出。在 Backward 层沿着时刻 t 到时刻 0 反向计算一遍，获得并保存每一个时刻向后隐含层的输出。最后在每一个时刻结合 Forward 层和 Backward 层的相应时刻输出的结果获得最终的输出，数学表达式如下：

$$o_t = g\ (VS_t + V'S'_t)$$
$$S_t = f(U\,x_t + W\,S_{t-1})$$
$$S'_t = f(U'\,x_t + W'\,S'_{t-1})$$

在诸如完形填空等自然语言处理任务中，双向 LSTM 比 LSTM 效果更好。

4. GRU

循环门单元（Gated Recurrent Unit，GRU）是 LSTM 的一种变体，其网络结构如图 5-13 所示。它将遗忘门和输入门组成了单独的"更新门"，同时还将细胞状态和隐藏状态混合，并做了一些其他的改变。GRU 的结构相对于 LSTM 更加简单，效果也更好，因此也更受欢迎。

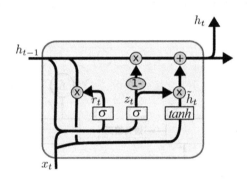

图 5-13　GRU

其计算过程如下：

首先计算 r_t 和 z_t，它们分别代表了 GRU 的两个门：重置门（reset gate）和更新门（update gate），重置门决定前一状态有多少信息写入当前候选集上，重置门的值越小，前一状态信息保留得越少。更新门决定前一时刻的状态信息写入当前状态中的程度，更新门的值越大，前一时刻的状态信息带入越多。

$$重置门：r_t = \sigma(W_r \cdot [h_{t-1},x_t] + b_r)$$
$$更新门：z_t = \sigma(W_z \cdot [h_{t-1},x_t] + b_z)$$

然后计算 $\widetilde{h_t}$：

$$\widetilde{h_t} = tanh(W \cdot [r_t * h_{t-1},x_t] + b)$$

最终得到 h_t：

$$h_t = (1 - z_t) * h_{t-1} + z_t * \widetilde{h_t}$$

5.3 Encoder – Decoder 框架

RNN 和 LSTM 都要求输入和输出长度固定，但在机器翻译等任务中，往往无法得知输入和输出的具体长度，这时候就需要使用 Seq2seq（Sequence-to-sequence）模型。Seq2seq 模型不强调目的，也不指定具体方法，只要输入的是序列，输出的也是序列的模型，都可以称为 Seq2seq 模型，是一种 Encoder – Decoder 结构的网络。Seq2seq 模型的最大特点在于输入和输出的长度是可变的。

Encoder – Decoder 是一种通用框架，很多算法都可以用于这种框架。它是一种 end-to-end（端到端）学习的算法，Encoder 称为编码，用于将输入序列转化为一个固定长度的向量，Decoder 称为解码，用于将生成的固定长度的向量再转化为输出序列。最经典的 Encoder-Decoder 框架抽象表示如图 5-14 所示，其基本思想就是利用了两个 RNN，一个作为编码器，另外一个作为解码器。

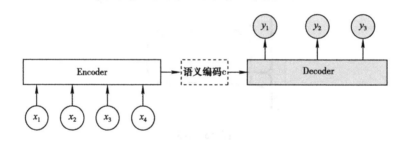

图 5-14 Encoder – Decoder 框架

输入序列为 $Source = <x_1,x_2,\cdots,x_m>$，输出序列为 $Target = <y_1,y_2,\cdots,y_n>$，首先由 Encoder 对输入序列 Source 进行编码，将输入序列通过非线性变换转化为一个固定长度的语义编码 $c = \mathcal{F}(x_1,x_2,\cdots,x_m)$，然后由 Decoder 结合语义编码 c 和前面所有时刻的输出 $y_1,y_2,\cdots,y_{i-1}$ 生成当前时刻的输出 y_i，即 $y_i = \mathcal{G}(c,y_1,y_2,\cdots,y_{i-1})$。这里可以只将 c 作为初始状态参加运算，如图 5-15 所示，也可以让 c 参与所有时刻状态的运算，如图 5-16 所示。

不同的输入输出对应了不同作用的 Encoder-Decoder 框架。如果输入序列为中文，输出序列为英文，那么就是机器翻译的 Encoder-Decoder 框架；如果输入是问句，输出是答句，那么就是问答系统的 Encoder-Decoder 框架。

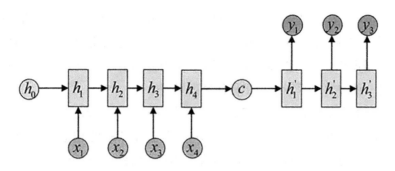

图 5-15　c 作为初始状态参加运算

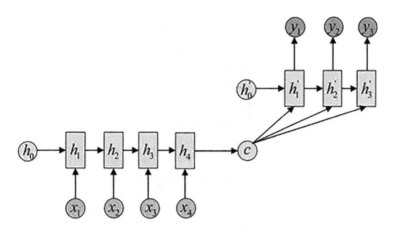

图 5-16　c 参与所有时刻状态的运算

Encoder-Decoder 框架除了在文本领域得到广泛应用外，在语音识别、图像处理等领域也可以进行使用。如果 Encoder 部分的输入是语音流，Decoder 的输出是对应的文本信息，则对应于语音识别；如果 Encoder 部分的输入是一幅图片，Decoder 的输出是能够描述图片语义内容的一句描述语，则对应于图像描述。区别在于，不同的任务对应于不同的编码器和解码器，例如文本处理和语音识别通常采用 RNN 或 LSTM 模型，而图像处理的 Encoder 部分一般会采用 CNN 模型。

5.4　Attention 机制

由于 Encoder-Decoder 框架在 Encoder 的时候会将输入通过非线性变换转化为一个固定长度的语义编码，如果输入过长可能会导致信息丢失，而且对于不同的输入都赋予了相同的权重，无法聚焦于重要信息，因此提出了 Attention 机制。

注意力（Attention）机制可以将有限的注意力集中在重点信息上，从而节省资源，快速有效地获取最有用的信息。Attention 机制会对输入的每个部分赋予不同的权重，抽取其中的关键信息，帮助模型作出更加准确的判断，同时并不会增加模型的计算量和存储空间。Attention 机制是一种技术，可以应用于任何序列模型中。

Attention 机制的本质思想如图 5-17 所示，其中 Source 由 $<Key, Value>$ 数据对组成，对于给定的输出 Target 中的 $Query$，通过计算 $Query$ 与各个 Key 的相似性得到每个 Key 对应 $Value$ 的权重系数，然后对 $Value$ 进行加权求和，得到最终的 $Attention$ 值，即：

$$Attention(Query, Source) = \sum_{i=1}^{m} Score(Query, Key_i) * Value_i$$

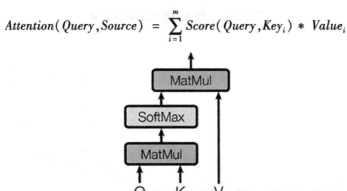

图 5-17　Attention 机制的本质思想

式中，m 是输入序列 Source 的长度。

通常可以将 Attention 的计算过程分为三个阶段，如图 5-18 所示。

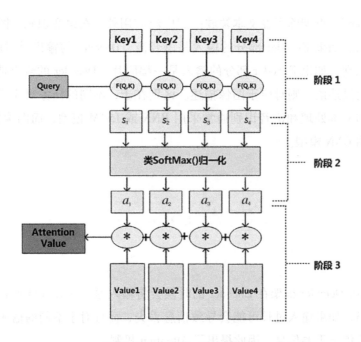

图 5-18　Attention 的计算过程

阶段1，根据 *Query* 和 *Key* 计算相似性参数或者权重参数。常见的相似性计算方法包括点积、Cosine 相似性，也可以引入额外的神经网络权重等。

点积：$Score(Query, Key_i) = Query \cdot Key_i$

Cosine 相似性：$Score(Query, Key_i) = \dfrac{Query \cdot Key_i}{\|Query\| \cdot \|Key_i\|}$

神经网络权重：$Score(Query, Key_i) = Query \cdot W \cdot Key_i$

阶段2，将权重参数进行归一化处理。

$$a_i = softmax(Score(Query, Key_i)) = \frac{e^{Score(Query, Key_i)}}{\sum_{j=1}^{m} e^{Score(Query, Key_j)}}$$

阶段3，根据权重参数对 *Value* 进行加权求和得到 *Attention* 值。

$$Attention(Query, Source) = \sum_{i=1}^{m} a_i * Value_i$$

目前，在自然语言处理中，通常 *Key* 和 *Value* 都是同一个值。

将 Attention 机制应用到 Encoder-Decoder 框架中，如图 5-19 所示。此时的语义编码不再是输入序列的直接编码，而是将各个元素按照其对当前输出的权重参数加权求和得到的。

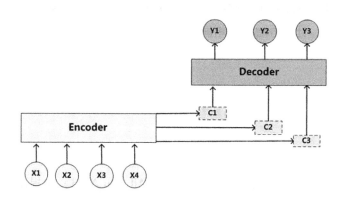

图 5-19　Attention 机制应用到 Encoder-Decoder 框架

$$c_i = \sum_{j=0}^{m} a_{ij} f(x_j)$$

式中，$f(x_j)$ 是对输入元素 x_j 的编码；m 是输入序列的长度；a_{ij} 是 x_j 对 c_i 的重要性。其计算过程如图 5-20 所示。

$$a_{ij} = \frac{exp(e_{ij})}{\sum_{k=1}^{m} exp(e_{ik})}$$

$$e_{ij} = F(h_j, H_{i-1})$$

式中，h_j 是输入的隐藏状态；H_{i-1} 是输出的隐藏状态。

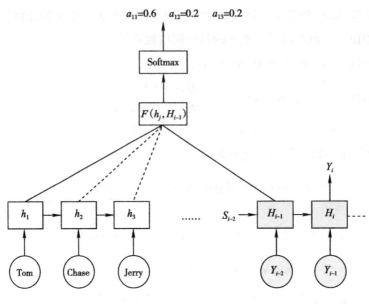

图 5-20　a_{ij} 的计算过程

　　Self-Attention 是 Attention 的一种，区别在于 Attention 用于计算输入序列和输出序列之间的相关性，而 Self-Attention 用于捕捉序列自身词与词之间的依赖关系，捕捉句子内部结构的语义和语法联系，计算方法基本相同。

5.5　transformer 模型

　　transformer 模型是 Google 团队在《Attention is All You Need》中提出的，该论文的模型结构如图 5-21 所示，依然采用了 Enconder-Decoder 结构，编码器由 N 个相同的网络块组成，一个网络块由一个多头自注意力（Multi-Head Attention）层和一个前馈神经网络层组成。解码器的网络块相对于编码器多了一个多头注意力层。这一层采用了 Mask 机制，Mask 表示掩码，作用在于防止在训练过程中使用到还未输出的单词。在训练时会将当前单词后面的所有单词变为 0，用来保证预测位置的信息只能参考之前时刻的输出。除此之外，为了让模型更好地学习位置信息，还在词向量中添加了 Positional Encoding。为了加快模型的向量过程，网络还采用了残差连接，并对网络层进行了归一化。

　　设置 N = 6，也就是说其结构如图 5-22 所示，每个 Encoder 和 Decoder 的结构均相同，但权值不同。

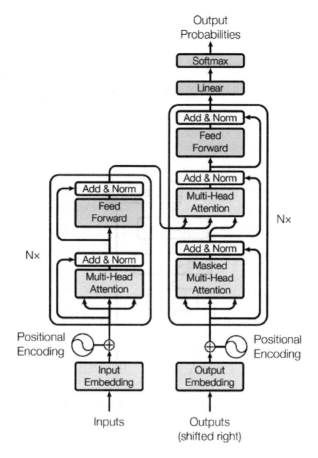

图 5-21　transformer 结构

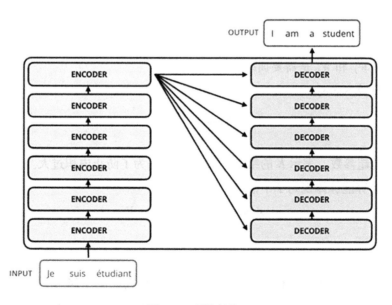

图 5-22　网络结构

1. Scaled Dot-Product Attention

transformer 中的 Attention 机制为缩放点积注意力（Scaled Dot-Product Attention）机制，使用点积进行相似度的计算，为了调节内积的大小，除以 $\sqrt{d_k}$，d_k 表示 k 的维度，其计算过程如图 5-23 所示。

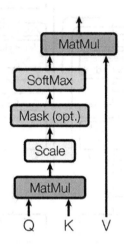

图 5-23 Scaled Dot-Product Attention 计算过程

第一步：根据原词向量 X 计算 Q、K、V：

$$Q = X \cdot W_Q$$
$$K = X \cdot W_K$$
$$V = X \cdot W_V$$

式中，W_Q、W_K 和 W_V 是需要训练的矩阵参数。

第二步：计算 Score：

$$Score = \frac{Q \cdot K}{\sqrt{d_k}}$$

式中，d_k 是超参数，表示 K 的维度。除以 $\sqrt{d_k}$ 是为了防止内积过大。

第三步：计算能够体现句子中依赖关系的新向量：

$$Z = softmax(Score) * V$$

2. Multi-headed Self-attention

多头自注意力（Multi-headed Self-attention）机制结构如图 5-24 所示。简单来说就是将 Scaled Dot-Product Attention 进行 h 次，每一次的变换参数 W_Q、W_K 和 W_V 不同，然后将 h 次的结果进行拼接，进行线性变换得到的结果作为最终的 Multi-headed Self-attention 的结果。

这样可以使得模型在不同的子空间学习到相关的信息。

$$head_i = Attention(Q\,W_{Qi}, K\,W_{Ki}, V\,W_{Vi})$$

$$MultiHead(Q,K,V) = Concat(head_1, \cdots, head_h) \cdot W_o$$

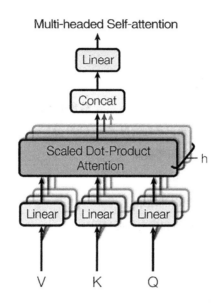

图 5-24　**Scaled Dot-Product Attention 计算过程**

单元小结

　　本单元主要介绍了 RNN 和 LSTM 的网络结构和前向传播、反向传播过程以及 transformer 模型涉及的一些知识点。RNN 的缺点在于无法学习到远距离的依赖关系，这是因为可能会发生梯度消失问题。而 LSTM 在一定程度上解决了 RNN 的梯度消失问题。这里需要注意的是梯度消失不会导致无法更新参数，而会使得前面部分的输入对网络参数的更新没有影响，也就无法学习到远距离的依赖关系。除此之外，无论是 RNN 还是 LSTM 的后续状态都需要用到前面的状态，所以难以并行运算，训练速度较慢。在自然语言处理中，transformer 结构已经广泛应用于各种网络模型，并取得了目前最好的效果。

学习评估

课程名称：NLP 中的深度学习		
学习任务：自然语言处理的特征提取器		
课程性质：理论课程	综合得分：	

知识掌握情况评分（100 分）

序号	知识考核点	配分	得分
1	RNN 和 LSTM 的组成结构	20	
2	RNN 发生梯度消失的原因和结果	15	
3	RNN 和 LSTM 的前向传播和反向传播过程	15	
4	LSTM 相对于 RNN 的优点	10	
5	Attention 机制的原理	20	
6	transformer 模型的结构	20	

课后习题

RNN 的主要缺点是什么？RNN 发生的梯度消失和普通的梯度消失造成的影响分别是什么？

Unit6

文本向量化

单元概述

为了让计算机可以理解语言，需要将自然语言都转换成计算机可以处理的数据结构，这个过程称为文本表示。文本表示是自然语言处理以及语义计算的基础，文本表示的效果会直接影响到自然语言处理系统的性能。在自然语言处理研究领域，文本向量化就是文本表示的一种重要方式，也就是将文本表示为一系列能够表达文本语义的向量。无论是中文还是英文，词语都是表达语义的最基本的单位。因此，对文本向量化的研究大多是基于词向量化实现的。本单元将对常见的几种文本表示方法进行介绍。

学习目标

知识目标

· 掌握文本向量化的方法，对其原理有详细的了解；

· 了解 Word2vec 的训练方法以及其两个基本模型：CBOW 模型和 Skip – gram 模型。

技能目标

· 安装 Gensim 模块；

· 实现文本向量化；

· 掌握词向量的使用方法。

6.1　文本向量化

1. one-hot 编码

one-hot 编码（独热编码）是特征工程中最常用的方法之一，是最简单的词向量化方法。下面举例说明该方法的原理。

给定 10 000 个单词的词汇表，为每个单词分配一个索引，例如 black 的索引为 2 409，那么将 black 表示为一个 10 000 维的向量 $[0, \cdots, 0, 1, 0 \cdots, 0]$，其中 1 位于第 2 409 个位置，其余位置均为 0，如图 6-1 所示。

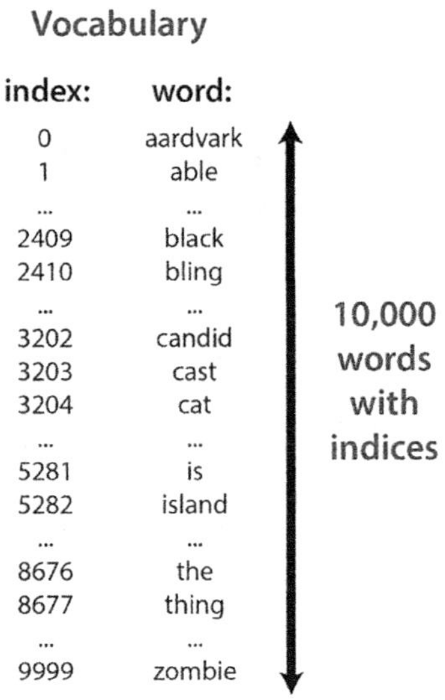

Vocabulary

index:	word:	
0	aardvark	
1	able	
...	...	
2409	black	
2410	bling	
...	...	10,000
3202	candid	words
3203	cast	with
3204	cat	indices
...	...	
5281	is	
5282	island	
...	...	
8676	the	
8677	thing	
...	...	
9999	zombie	

图6-1　语料库

这种方法的缺点在于：

1）随着语料库词语的增加，词向量的维度高且稀疏。如果语料库中包含 10 000 个单词，那么每个词语都需要使用 10 000 维的向量来表示，也就是说除了当前词语位置为 1，其余位置均为 0，这种方法得到的词向量是高维且稀疏的。

2）无法计算词与词之间的相似性。

2. 词袋

词袋（Bag Of Word）模型是最早的以词语为基本处理单元的文本向量化方法。在使用独热编码得到词向量后，将文本中出现的每个单词的词向量进行相加，可以得到文本的向量化表示。

例如，对于 "the cat is black"，首先需要找到每个词的索引，然后使用长度为 10 000 的向量进行表示，将所有词语的向量进行求和，即可将文本向量化，如图 6-2 所示。

需要注意的是，该向量与原文本中单词出现的顺序无关，只与单词出现的频率相关。该文本向量化方法虽然简单，但同样存在下列问题：

1）矩阵维度高且稀疏。如果语料库中包含 10 000 个单词，那么每个文本都需要使用 10 000 维的向量来表示，例如，对于 "the cat is black" 得到的向量中，只有 4 个位置不为 0，其余位置均为 0，这样高维且稀疏的向量会严重影响计算速度。与此同时，当语料库出现新的词语时，所有的向量表示都会发生改变。

2）只是将词语符号化，不保留词序信息，不包含任意的语义信息。例如有两句话 "小明给了小红一个苹果" 和 "小红给了小明一个苹果"，使用词袋模型进行文本向量化的结果相同，但语义相差较大。

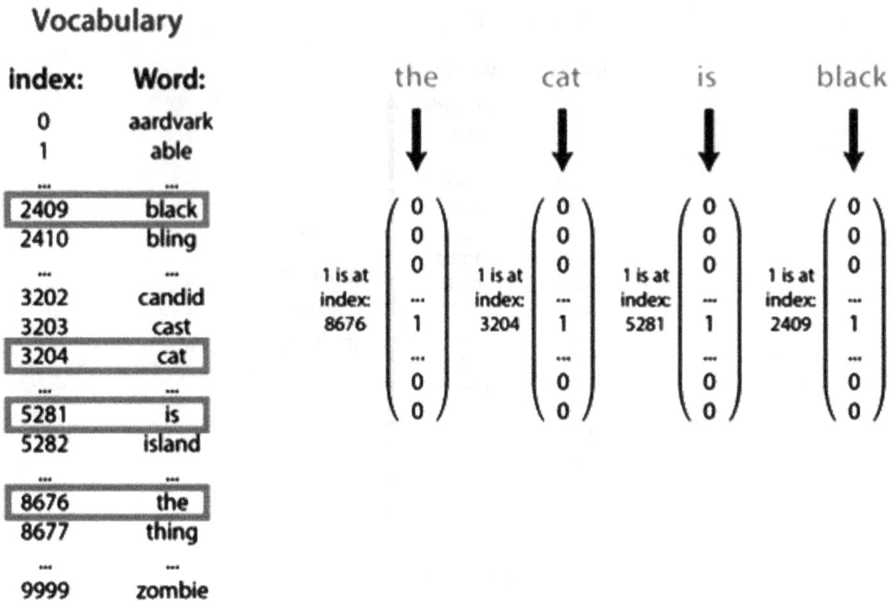

Vocabulary

index:	Word:
0	aardvark
1	able
...	...
2409	black
2410	bling
...	...
3202	candid
3203	cast
3204	cat
...	...
5281	is
5282	island
...	...
8676	the
8677	thing
...	...
9999	zombie

图 6-2　词袋

3. word2vec

词嵌入（Word Embedding）是文本向量化的一种，指把一个维数为所有词数量的高维空间向量嵌入一个维数低得多的连续向量空间中，每个单词或词组被映射为实数域上的向量。2013 年，谷歌的一个团队发明了一套工具 word2vec 来进行词嵌入。该工具训练向量空间模型的速度较快，得到的词向量也可以较好地表达不同词之间的相似和类比关系。word2vec 主要包含两个浅层的神经网络模型，分别是 CBOW（Continues Bag of Words）模型和 Skip – gram 模型。

（1）CBOW 模型

CBOW 模型是一个三层的神经网络，其模型结构如图 6-3 所示。该模型的特点在于已知上下文，输出对当前单词的预测，且上下文所有的词对当前词语出现的概率的影响权重是一样的。

CBOW 模型具体的计算方式如图 6-4 所示，其输入为上下文的 one – hot 向量，其中语料库词语数量为 V，上下文单词个数为 C，取上下文各词的词向量的平均值作为输入，也就是输入矩阵的大小为 $1 \times V$；输入权重矩阵 W 的大小为 $V \times N$，N 为设定的词向量维度，将输入和输入权重矩阵相乘得到隐藏层，因此隐藏层的大小为 $1 \times N$；再将得到的矩阵与输出的权重矩阵 W' 相乘，输出权重矩阵大小为 $N \times V$，得到一个 $1 \times V$ 的向量。在最后一层加入 softmax，将向量转化为概率输出。该向量中概率最大的单词对应的索引就是预测的中间词，将该向量与实际中间词语的 one – hot 向量的交叉熵损失函数作为目标函数，训练神经网络

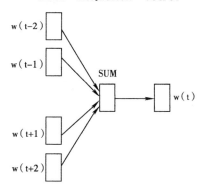

图 6-3　CBOW 模型

的权重，而输入权重矩阵 W 就是要计算的词嵌入矩阵。在得到词嵌入矩阵之后，将词的 one-hot 向量与词嵌入矩阵相乘，即可得到长度为 V 的词向量。通常 V 取值为 50 ~ 500（一般经常取 300），也就是将每个词用 50 ~ 500 维的向量来进行表示。

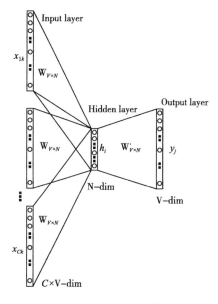

图 6-4　CBOW 模型计算方式

（2）Skip-gram 模型

Skip-gram 模型与 CBOW 模型正好相反，该模型的特点在于根据当前词语来预测上下文概率。输入为从目标词的上下文选择一个词，将其词向量组成上下文的表示，其模型结构如图 6-5 所示。

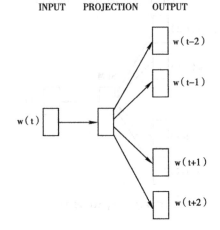

图 6-5　**Skip-gram 模型**

在实际应用中，两种模型本身并无高下之分，可根据最后呈现的效果来选择模型。

6.2　能力提升训练——文本向量化

1. 训练目标

1）掌握使用 Python 实现词袋模型的方法。

2）了解 word2vec 的训练方法。

3）掌握词向量的使用方法。

2. 案例分析

统计自然语言处理首先需要对语料进行预处理，本案例将词向量的训练分为两步：

1）对中文语料进行预处理。

2）利用 Gensim 模块训练词向量。

Gensim 是一款开源的第三方 Python 工具包，用于从原始的非结构化的文本中，无监督地学习到文本隐层的主体向量表达。它支持包括 TF – IDF、word2vec 在内的多种主题模型算法，并提供了诸如相似性计算、信息检索等一些常用任务的 API 接口。这里主要用到 word2vec 模型算法，可以直接在命令行输入"pip install gensim"进行安装。

3. 实施步骤

(1) 词袋模型

首先去掉文本中的标点符号，然后对其进行分词。由于文本为英文，词与词之间使用空格进行分隔，因此根据空格进行分词。统计文本中的所有词语，进行独热编码，得到每个词的 one-hot 向量表示。根据句子中每个词出现的词频，将句子进行文本向量化。

sample_data. txt 内容如下：

John likes to watch movies, Mary likes too.

John also likes to watch basketball games.

```
import numpy as np
import pandas as pd
import jieba
import re
from gensim import corpora
def onehot_matrix():
    file_path = 'data/sample_data. txt'
    docs = [ ]
    with open(file_path, 'r', encoding = "utf - 8") as f:  #读取文件内容
        sents = f. readlines()
        for sent in sents:
            string = re. sub("[ \. \! \/_, $ % ^ * ( + \" \'\\n] + |[ + ——!，。?、~
@ # ¥ % ……& * ( ) ]", "", sent)   #去标点符号
            docs. append(string)


    words = [ ]
    for i in range(len(docs)):
        docs[i] = docs[i]. split(" ")
        words  + = docs[i]
    vocab = sorted(set(words), key = words. index)
    V = len(vocab)
    M = len(docs)
    onehot = np. zeros(V, dtype = int)
    bow = np. zeros((M, V), dtype = int)
```

```
    #生成词典
    dict = corpora. Dictionary([words])
    print(dict. token2id)

    #词的 one-hot 向量
    print("one-hot 向量:")
    for i,word in enumerate(vocab):
        onehot[i] = 1
        print(word, list(onehot))
        onehot = np. zeros(V, dtype = int)

    #词袋
    for i,doc in enumerate(docs):
        for word in doc:
            if word in vocab:
                pos = vocab. index(word)
                bow[i][pos] + = 1
    #print(pd. DataFrame(bow,columns = vocab))
    return [list(i) for i in bow]

onehot_matrix()
```

运行上述程序，输出结果如下:

```
{'John': 0, 'Mary': 1, 'also': 2, 'basketball': 3, 'games': 4, 'likes': 5, 'movies': 6, 'to':
7, 'too': 8, 'watch': 9}
    one - hot 向量:
    John [1, 0, 0, 0, 0, 0, 0, 0, 0, 0]
    likes [0, 1, 0, 0, 0, 0, 0, 0, 0, 0]
    to [0, 0, 1, 0, 0, 0, 0, 0, 0, 0]
    watch [0, 0, 0, 1, 0, 0, 0, 0, 0, 0]
    movies [0, 0, 0, 0, 1, 0, 0, 0, 0, 0]
    Mary [0, 0, 0, 0, 0, 1, 0, 0, 0, 0]
    too [0, 0, 0, 0, 0, 0, 1, 0, 0, 0]
```

```
also [0, 0, 0, 0, 0, 0, 0, 1, 0, 0]
basketball [0, 0, 0, 0, 0, 0, 0, 0, 1, 0]
games [0, 0, 0, 0, 0, 0, 0, 0, 0, 1]
[[1, 2, 1, 1, 1, 1, 1, 0, 0, 0], [1, 1, 1, 1, 0, 0, 0, 1, 1, 1]]
```

（2）word2vec

训练词向量需要大量的语料，当前有许多中文的语料库，这里采用了今日头条公开的分类数据作为训练语料库。

首先导入模块：

```
import collections
from gensim. models import word2vec
from gensim. models import KeyedVectors
```

然后，统计语料库中词的词频并保存。具体代码如下：

```
def stat_words(file_path, freq_path):
    fr = open(file_path, 'r', encoding = 'utf - 8')
    lines = fr. readlines()  #读取文件内容
    text = [line. strip(). split(' ') for line in lines]
    fr. close()  #关闭文件
    word_counts = collections. Counter()  #统计词频
    for content in text:
        word_counts. update(content)
    word_freq_list = sorted(word_counts. most_common(), key = lambda x:x[1], re-
verse = True)
    fw = open(freq_path, 'w', encoding = 'utf - 8')  #保存到 freq_path 文件中
    for i in range(len(word_freq_list)):
        content = ' '. join(str(word_freq_list[i][j]) for j in range(len(word_freq_list[i])))
        fw. write(content + '\n')
    fw. close()
```

stat_words 的主要功能在于统计 file_path 中词的词频，并将结果保存到 freq_path 中。

词向量训练，使用 gensim 模块训练词向量。word2vec. Word2Vec（sentences, size = 100, window = 8, min_count = 3, iter = 8）的主要功能就是训练词向量，其中第一个参数是预训练后的训练语料库。sg = 0 表示使用 CBOW 模型训练词向量，sg = 1 表示使用 skip - gram 训练词向量，默认为 0。参数 size 为词向量维度，参数 window 表示当前词语和预测词可能的最

大距离，window 越大计算时间越长。min_count 表示最小出现的次数，如果一个词语出现的次数小于 min_count，那么直接忽略该词。iter 表示随机梯度下降迭代次数，默认为 5。具体程序如下：

```
def get_word_embedding(input_corpus, model_path):
        sentences = word2vec. Text8Corpus(input_corpus)
        model = word2vec. Word2Vec(sentences, size = 100, window = 8, min_count
=3, iter =8)
        model. save(model_path)
        model. wv. save_word2vec_format(model_path, binary = False)


    if __name__ = ='__main__':
        corpus_path = 'data/toutiao_word_corpus. txt'
    freq_path = 'data/words_freq_info. txt'
    word_list = stat_words(corpus_path, freq_path)


    model_path = 'toutiao_word_embedding. bin'
    get_word_embedding(corpus_path, model_path)
```

得到词向量模型后，对其进行简单测试。

首先加载模型：

```
model = KeyedVectors. load_word2vec_format(model_path)
```

在模型中输入一个词语，得到该词语的向量表示：

```
print(model['西红柿'])
```

运行上述程序，输出结果如下：

```
[0. 2387817    -0. 1696097   0. 38425204    -0. 24673577    -0. 12988025    0. 09416358
0. 26659262    -0. 35814494  0. 47420633    -0. 4340475    -0. 06344131    -0. 30003726
-0. 17719331  -0. 21717702  -0. 481463280. 11418775    -0. 55045277    -0. 13584396
-0. 111990660. 00815553    -0. 23659521  -0. 23572405    -0. 07836133    -0. 12070076
0. 25432977    -0. 01118032  -0. 11468723  -0. 31467745    -0. 0197901    -0. 11927188
-0. 11246628  -0. 5323879    -0. 06212431  -0. 32808    -0. 2063731    0. 29989082
0. 18445966    0. 16755106    0. 19309114    0. 2710548    0. 08234163    0. 24367538
-0. 5487053    -0. 44149908  -0. 260483030. 36663815    -0. 24865334    -0. 13305618
```

$$
\begin{bmatrix}
-0.6789545 & 0.1898197 & 0.18955642 & 0.44557935 & -0.23730704 & 0.02496319 \\
-0.38907155 & 0.236467 & -0.06607929 & -0.30076492 & -0.2081061 & 0.12782933 \\
-0.5113892 & 0.17786834 & -0.3408124 & -0.06466525 & -0.10450754 & 0.27810284 \\
-0.23636815 & 0.01366808 & 0.21407963 & 0.29231882 & -0.47806436 & 0.4797619 \\
-0.24061583 & 0.10627845 & -0.40820274 & 0.26065922 & -0.0722601 & 0.3499029 \\
-0.38720217 & -0.03425202 & 0.10874384 & 0.18767592 & 0.27064693 & 0.5025115 \\
-0.1473423 & 0.07073527 & 0.0575837 & 0.47366393 & 0.62660176 & -0.44720095 \\
-0.06033175 & 0.23361409 & -0.05093993 & -0.17741264 & 0.12607096 & 0.2874846 \\
0.2972025 & 0.06232807 & -0.1170624 & -0.40714028 \\
\end{bmatrix}
$$

通过度量词向量的长度，得到词向量的维度：

```
print("每个词用%d个数字来表示"%len(model['西红柿']))
```

运行上述程序，输出结果如下：

```
每个词用100个数字来表示
```

计算词与词之间的相似性：

```
print('similarity(西红柿,番茄)={}'.format(model.similarity("西红柿","番茄")))
print('similarity(西红柿,苹果)={}'.format(model.similarity("西红柿","苹果")))
```

运行上述程序，输出结果如下：

```
similarity(西红柿,番茄)=0.9015054702758789
similarity(西红柿,苹果)=0.11766369640827179
```

找到与"大学"词义用法相近的10个词语：

```
most_sim=model.most_similar("大学",topn=10)
print('The top10 of 大学：{}'.format(most_sim))
```

运行上述程序，输出结果如下：

```
The top10 of 大学：[('985', 0.8768132925033569), ('211', 0.8739588260650635), ('二本',
0.8491693735122681), ('学校', 0.8235623836517334), ('院校', 0.8117300868034363), ('专业',
0.8099520206451416), ('研究生', 0.809449315071106), ('名校', 0.8086915016174316), ('几所',
0.8057864904403687), ('高中', 0.804023802280426)]
```

找到test_words中不同的词：

```
testwords ='女生 老师 会计师 程序员 律师 医生'
testwordsresult = model. doesntmatch( testwords. split( ))
print('不是同一类别的词为：% s' % testwordsresult)
```

运行上述程序，输出结果如下：

不是同一类别的词为：律师

单元小结

本单元主要介绍了文本向量化的三种方法，其中 one – hot 编码可以将词转化为向量，词袋模型和 word2vec 可以将句子转化为向量，然后对其具体的实现方法进行了介绍。

学习评估

课程名称：文本向量化			
学习任务：文本向量化			
课程性质：理实一体课程		综合得分：	
知识掌握情况评分（45 分）			
序号	知识考核点	配分	得分
1	文本向量化的原理和方法	15	
2	word2vec 的两个基本模型：CBOW 模型和 Skip – gram 模型	30	
工作任务完成情况评分（55 分）			
序号	能力操作考核点	配分	得分
1	安装 Gensim 模块	15	
2	实现文本向量化	25	
3	词向量的使用	15	

课后习题

什么叫 word2vec？有什么优点？

Unit 7

单元7

关键词提取

单元概述

随着互联网与社交媒体的迅猛发展和广泛普及，网络上包括新闻、书籍、学术文献、微博、微信、博客、评论等在内的各类型文本数据剧增，给用户带来了海量信息，也带来了信息过载的问题。用户通过谷歌、必应、百度等搜索引擎或推荐系统能获得大量的文档，但通常需要花费较长时间进行阅读才能对一个事件或对象进行比较全面的了解。关键词提取和自动文摘可以将用户从长篇累牍的文字阅读中解放出来，通过几个单词或者几句话来对文章的主题和内容有所了解，可以在一定程度上减少阅读量和节约时间。本单元将介绍几种关键词提取算法和自动文摘方法。

学习目标

知识目标
- 掌握 TF – IDF 算法、PageRank 算法、TextRank 算法、LSA 和 LDA 算法的原理；
- 了解使用 PageRank 算法进行网页重要性排序的方法。

技能目标
- 能够进行关键词提取；
- 能够实现自动文摘。

7.1　关键词提取算法

关键词提取就是用几个简单的关键词将文档描述出来。文本的关键词提取方法一般可以分为有监督和无监督两类。有监督的关键词提取方法主要是通过将关键词提取看作二分类问题进行解决的，判断文档中的词或者词语是不是关键词。通过构建一个较为丰富的词表判断文档和每个词的匹配程度，以类似打标签的方式达到关键词提取的效果。有监督的方法可以取得较高的精度，其缺点主要在于需要大量的标注数据，人工成本较高。另外，词表需要大量的人力、物力进行维护。

相对于有监督的方法，无监督方法不需要人工标注的语料，往往通过某些方法，发现文本中比较重要的词作为关键词，进行关键词抽取。文本关键词抽取流程如图 7-1 所示。

图7-1 文本关键词抽取流程图

无监督关键词抽取算法可以分为三类，基于文本统计特征的关键词提取、基于词图模型的关键词抽取和基于主题模型的关键词抽取，如图7-2所示。

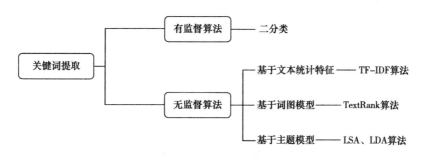

图7-2 关键词抽取方法分类

（1）基于文本统计特征的方法

这种方法的思想是利用文档中词语的统计信息抽取文档的关键词。通常将文本经过预处理得到候选词语的集合，然后采用特征值量化的方式从候选集合中得到关键词。基于统计特征方法的关键在特征值量化的方式，目前常用的有三类：

1）基于词权重的特征量化：主要包括词性、词频、逆向文档频率、相对词频、词长等。

2）基于词的文档位置的特征量化：根据文章不同位置的句子对文档的重要性不同的假设来进行。通常文章的前面几个词、后面几个词、段首、段尾、标题、引言等位置的词具有代表性，这些词作为关键词更可以表达整个文章的主题。

3）基于词的关联信息的特征量化：词的关联信息是指词与词、词与文档的关联程度信息，包括互信息、hits值、贡献度、依存度、TF–IDF值等。

（2）基于词图模型的方法

基于词图模型的关键词抽取，首先要构建文档的语言网络图，然后对语言进行网络图分析，在这个图上寻找具有重要作用的词，这些词就是文档的关键词。

在语言网络图的构建过程中，都是以预处理过后的词作为节点，词与词之间的关系作为边。在语言网络图中，边与边之间的权重一般用词之间的关联度来表示。在使用语言网络图获得关键词的时候，需要评估各个节点的重要性，然后根据重要性将节点排序，选取 n 个节点所代表的词作为关键词。

（3）基于主题模型的方法

主题模型认为词与文档之间没有直接的联系，应当还有一个维度将其串联在一起，将这个维度称为主题数量。基于主题关键词的提取算法主要利用的是主题模型中主题分布的性质，如图 7-3 所示。

算法的关键在于主题模型的构建。主题模型是一种文档生成模型，它认为文档是一些主题的混合分布，主题又是词语的概率分布。同样地，如果找到了文档的主题，然后主题中有代表性的词就能表示这篇文档的核心意思，也就是文档的关键词。

这里主要介绍几个经典算法，基于文本统计特征方法中的 TF – IDF 算法，基于词图模型方法中的 TextRank 算法以及基于主题模型方法的 LDA 算法。

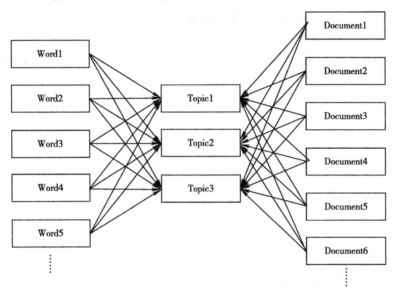

图 7-3　基于主题模型的方法

1. TF – IDF 算法

TF-IDF 算法（Term Frequency-Inverse Document Frequency，词频 – 逆文档频率算法）是一种常用于信息处理和数据挖掘的加权技术。该技术采用一种统计方法，根据字词在文本中出现的次数和在整个语料库中出现的文档频率来计算一个字词在某份文档中的重要程度。这种作用符合关键词抽取的要求，一个词在文中越重要，那么越是可能的关键词，因此人们通常将 TF – IDF 算法用于关键词提取。它的优点在于能够过滤掉一些常见的却无关紧要的词语，同时保留影响整个文本的重要字词。

TF-IDF 算法由两部分组成：TF 算法和 IDF 算法。TF（Term Frequency，词频）算法是统计一个词在一篇文档中出现的次数，其基本思想是，一个词在文档中出现的次数越多，该词对文档的表达能力也就越强。在这一步中，通常需要去停用词。过滤掉停用词后，剩下具有实际意义的词作为关键词，他们的重要性往往也不相同。以《中国的蜜蜂养殖》为例，假如"中国""蜜蜂""养殖"三个词出现的频率相同，但"中国"一词比较常见，"蜜蜂"和"养殖"不常见，如果这三个词在一篇文章的出现次数一样多，那么可以认为，

"蜜蜂"和"养殖"的重要程度大于"中国"。在关键词排序上,"蜜蜂"和"养殖"应该排在"中国"的前面。

也就是说需要一个重要性调整系数,衡量一个词是不是常见词,如果不是,但它在这篇文章中多次出现,那么它很可能反映了这篇文章的特性,也就是关键词。

用统计学语言表达就是在词频的基础上,对每一个词语分配一个"重要性权重"。常见的词语分配一个较小的权重,较少见的词语分配一个较大的权重。这个权重叫作"逆文档频率"(IDF),它的大小与词语的常见程度成反比,用来降低所有文档中的一些常见却对文档影响不大的词语的作用,也就是 IDF 算法。

TF 算法和 IDF 算法可以单独使用。TF 算法权衡词出现的频率,不考虑词语对文档的区分能力。IDF 算法强调的是词语的区分能力,但一个词语在一篇文档中频繁出现,往往也反映了这篇文档的特征。因此,往往将两个算法综合进行使用,构成 TF – IDF 算法,从词频、逆文档频率两个角度对词语的重要性进行衡量。

使用 TF – IDF 算法提取关键词步骤如下:

1)对文本进行分词,去停用词,剩余的词语即为候选词。

2)计算候选词的 TF 值:

$$TF（word）= word 在文档中出现的频率$$

考虑到文章是有长短之分的,为便于不同文章的比较,对其进行标准化,除以文档的总词数。因此,词频:

$$TF（word）=（word 在文档中出现的频率）/（文档的总词数）$$

3)计算候选词的逆文档频率:

$$IDF（word）= log（语料库中文档总数/（1 + 出现 word 的文档数量））$$

分母加 1 是采用了拉普拉斯平滑,避免有部分词语在语料库中没有出现过而导致分母为零的情况出现,增强算法的健壮性。

4)计算候选词的 TF – IDF 值:

$$TF – IDF = TF × IDF$$

5)将候选词的 TF – IDF 值进行降序排序,选择排在前面的词作为关键词。

以《中国的蜜蜂养殖》为例,假定该文长度为 1000 个词,"中国""蜜蜂""养殖"各出现 20 次,则这三个词的词频(TF)都为 20/1000 = 0.02。然后在搜索引擎中搜索发现,包含"的"字的网页共有 250 亿张,假定这就是中文网页总数。包含"中国"的网页共有 62.3 亿张,包含"蜜蜂"的网页为 0.484 亿张,包含"养殖"的网页为 0.973 亿张,则它们的逆文档频率(IDF)和 TF – IDF 见表 7-1。

表7-1 统计值

	包含该词的文档数/亿	IDF 值	TF – IDF = TF × IDF
中国	62.3	0.603	0.0121
蜜蜂	0.484	2.713	0.0543
养殖	0.973	2.410	0.0482

从表7-1可见,"蜜蜂"的 TF – IDF 值最高,"养殖"其次,"中国"最低。所以,如果只选择一个词,"蜜蜂"就是这篇文章的关键词。

TF – IDF 算法的优点是简单快速,缺点在于单纯只以词频来衡量一个词的重要性,不够全面,有时重要的词出现次数可能并不多。而且这种算法无法体现词的位置信息,出现位置靠前的词与出现位置靠后的词都被视为重要性相同。但一般情况下,词出现的位置对提取关键词来说有很大的价值。例如标题、摘要、总结性文字后面出现的词往往可以反映文章的中心思想,因此出现在这些位置的词更可能成为关键词。除此之外,通常不会将长度为1的词选做关键词。在实际应用中,TF – IDF 通常会与词的文档位置、词长等联合考虑来提取关键词。

2. TextRank 算法

基于统计特性和基于主题模型的关键词提取方法都是基于已有的语料库。例如,TF – IDF 需要统计每个词的逆文档频率,也就是说词在语料库的多少篇文档中出现过。基于主题模型的方法则是要通过对大规模文档学习来发现文档的隐含主体。而基于词图模型的关键词提取方法不需要语料库,仅需要对单篇文章进行分析就可以提取该文档的关键词。这也是 TextRank 算法的一个重要特点。TextRank 算法最早用于文档的自动摘要,基于句子维度的分析,利用 TextRank 算法对每个句子进行打分,选取分数最高的 n 个句子作为文档的摘要。

TextRank 算法的基本思想来源于 Google 的 PageRank 算法。因此,在学习 TextRank 算法之前,先介绍一下 PageRank 算法。

PageRank 是 Google 用来标识网页重要性的一种方法,是 Google 用来衡量一个网站好坏的唯一标准。在结合了诸如 Title 标识和 Keywords 标识等所有其他因素之后,Google 通过 PageRank 来调整结果,使那些更重要的网页在搜索结果中的排名获得提升,从而提高搜索结果的相关性和质量。

PageRank 算法将整个互联网看作一张有向图,网页是图中的节点,而网页之间的链接就是图中的边。这些边以等概率跳转到下一个网页,并在网页上持续不断地进行这样的随机跳转。网页重要性的传递示意如图7-4所示。

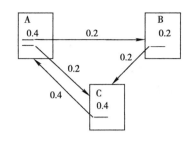

图 7-4 网页重要性的传递

对于某个互联网网页来说，该网页的 PageRank 值计算基于以下两个基本假设：

1）数量假设：一个网页被越多的其他网页链接，这个网页就越重要。

2）质量假设：一个网页被一个越高权值的网页链接，说明这个网页越重要。

利用以上两个假设，PageRank 算法刚开始赋予每个网页相同的重要性得分，通过迭代递归计算来更新每个页面节点的 PageRank 得分，直到得分稳定为止。具体来说就是在初始阶段，为每个网页设置相同的 PageRank 值。然后在一轮更新页面 PageRank 得分的计算中，每个页面将其当前的 PageRank 值平均分配到本页面包含的出链上，这样每个链接就获得了相应的权值。而每个页面将所有指向本页面的入链所传入的权值求和，即可得到新的 PageRank 得分。当每个页面都获得了更新后的 PageRank 值，就完成了一轮 PageRank 计算。重复上述迭代过程，直到网页的 PageRank 值不再发生改变，就得到了所有页面节点的 PageRank 得分。

PageRank 是 TextRank 的理论基础。不同点在于，PageRank 是有向无权图，而 TextRank 用于自动摘要时则是有权图，这是因为在考虑句子重要性的时候，还需要考虑到句子之间的相似性。在计算句子所链接句的贡献时，不再采用平均分配的方式，而是通过计算权重占总权重的比例来分配。在这里，权重就是两个句子的相似度，相似度的计算可以采用编辑距离、余弦相似度等。

将 TextRank 算法用于关键词提取时与用于自动摘要时有所不同。首先词与词之间的关联没有权重，也就是说与 PageRank 算法相同，将得分平均分配给所有链接的词；其次，每个词不是与文档中的所有词都有链接，通常定义一个窗口，在窗口内的词之间有链接关系。以下面文本为例：

程序员（英文 Programmer）是从事程序开发、维护的专业人员。一般将程序员分为程序设计人员和程序编码人员，但两者的界限并不非常清楚，特别是在中国。软件从业人员分为初级程序员、高级程序员、系统分析员和项目经理四大类。

分词结果为：['程序员', '英文', '程序', '开发', '维护', '专业', '人员', '程序员', '分为', '程序', '设计', ……]。将窗口大小设置为 5，可得：

['程序员', '英文', '程序', '开发', '维护']

['专业', '人员', '程序员', '分为', '程序']

......

每个窗口内的词之间都有链接关系，例如，［'程序员'］和［'程序员', '英文', '程序', '开发', '维护'］之间都有链接关系。得到链接关系后，对其进行迭代计算，得到每个词的得分。最后选择得分最高的 n 个词作为文档的关键词。

3. LSA、LDA 算法

通常 TF－IDF 算法和 TextRank 算法就可以满足大多数的关键词提取任务的需求。但某些场景下，文档的关键词不会显式地出现在文档中，这种情况下，需要用到主题模型。

LSA（Latent Semantic Analysis，潜在语义分析）是对文档的潜在语义进行分析。LSA 用于关键词提取的步骤为：

1）使用 BOW 模型将每个文档表示为向量。

2）将所有的文档词向量拼接起来构成词-文档矩阵。

3）对词-文档矩阵进行奇异值分解（SVD）操作。

4）根据奇异值分解的结果，将词-文档矩阵映射到一个更低的维度，这样每个词和文档都可以表示为较低维度空间的一点，通过计算每个词和文档的相似度，可以得到文档对每个词的相似结果，取相似度最高的几个词作为关键词。

LSA 通过 SVD 将词、文档映射到一个低维的语义空间，挖掘出词、文档的浅层语义信息，大大降低了计算量，提高运算速率。但 SVD 的计算复杂度非常高，计算效率低下。为解决上述问题，在 LSA 模型的基础上进行改进，提出了 pLSA 模型，通过使用 EM 算法对分布信息进行拟合，代替了对词-文档矩阵的奇异值分解。pLSA 在一定程度上有所提升，但依然有较多不足。因此，有人在 pLSA 的基础上引入了贝叶斯模型，得到了 LDA 方法。

LDA（Latent Dirichlet Allocation，隐含狄利克雷分布）是目前较常用到的主题模型，该方法的理论基础是贝叶斯理论。LDA 算法假设文档中的主题的先验分布和主题中词的先验分布都服从 Dirichlet 先验分布。通过对现有数据库的统计，可以得到每篇文档中主题的多项式分布和每个主题对应词的多项式分布。然后通过先验的狄利克雷分布和观测数据得到的多项式分布，推断文档中主题的后验分布和主题词的后验分布。简单来说，LDA 的核心在于：

$$P（词 | 文档）＝P（词 | 主题）P（主题 | 文档）$$

文档的生成模型可以用模型表示，如图 7-5 所示。

其中，α 和 η 为先验分布的超参数，β 为第 k 个主题下的所有单词的分布，θ 为文档的主题分布，ω 为文档的词，z 为 ω 所对应的主题。

LDA 关键词提取算法利用文档的隐含语义信息来提取关键词，但是主题模型提取的关键词比较宽泛，不能很好地反应文档主题。另外，LDA 模型的时间复杂度较高，需要大量

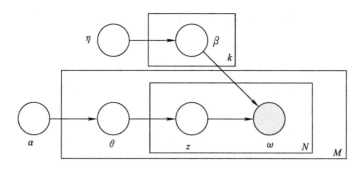

图7-5 文档的生成模型

的实践训练。

7.2 自动文摘方法

自动文摘（又称自动文档摘要）是指通过自动分析给定的一篇文档或多篇文档，提炼、总结其中的要点信息，最终输出一篇长度较短、可读性良好的摘要（通常包含几句话或数百字），该摘要中的句子可直接出自原文，也可重新撰写所得。也就是说，文摘的目的是通过对原文进行压缩、提炼，为用户提供简明扼要的文字描述。用户可以通过阅读简短的摘要而知晓原文中所表达的主要内容，从而大幅节省阅读时间。

自动文摘的研究在图书馆领域和自然语言处理领域一直都很活跃，最早的应用需求来自图书馆。图书馆需要为大量文献书籍生成摘要，而人工摘要的效率很低，因此急需自动摘要方法取代人工，高效地完成文献摘要任务。随着信息检索技术的发展，自动文摘在信息检索系统中的重要性越来越大，逐渐成为研究热点之一。

从实现上考虑自动文摘所采用的方法可以分为抽取式摘要（Extractive Summarization）和生成式摘要（Abstractive Summarization）。抽取式摘要通过抽取文档中的句子生成摘要，这种方法需要定义规则或特征集合，根据特征对文档中的句子进行打分，这些分数代表句子的重要性程度，分数越高代表句子越重要，然后通过依次选取分数最高的若干个句子组成摘要，摘要的长度取决于压缩率。生成式摘要方法不是单纯地利用原文档中的单词或短语组成摘要，而是从原文档中获取主要思想后以不同的表达方式将其表达出来。生成式摘要方法为了传达原文档的主要观点，可以重复使用原文档中的短语和语句。简单来说，抽取式摘要需要用原文本的句子来概括表达，生成式摘要方法需要利用自然语言理解技术对原文档进行语法语义的分析，然后对信息进行融合，通过自然语言生成的技术生成新的文本摘要。目前的自动文摘方法主要基于句子抽取，也就是以原文中的句子作为单位进行评估与选取。抽取式方法的好处是易于实现，能保证摘要中的每个句子具有良好的可读性。这里主要介绍抽取式摘要方法中的两种。

（1）基于统计的方法

通过一些统计特征对文本中的句子进行打分来度量句子的重要性。常用的统计特征包括：

1）句子长度：长度为某个长度的句子为最理想的长度，依照距离这个长度的远近来打分。

2）句子位置：根据句子在全文中的位置，给出分数。

3）句子标题词：根据句子中标题词的数量进行打分。

4）句子关键词：文本进行预处理之后，提取关键词，通过比较句子中关键词的数量、分布情况来打分。

对上述4步得到的句子分数进行加权求和，然后进行排序，选取一定数量的句子作为摘要，按照句子在文章中出现的顺序进行输出。

有时候为避免抽取出来的句子表达的意思相近，会引入一个惩罚因子，对每个句子的得分重新计算：

$$a \times score(i) + (1 - a) \times similarity(i, i - 1)$$

其中，$i = 2, 3, \cdots, N$，序号i表示排序后的顺序，排第一的句子不需要重新计算，从第二句开始，后面的句子必须根据与前一句的相似度进行相应的惩罚。

（2）基于图的方法

TextRank 算法用于自动文摘时，通过把文本分割成若干句，构建节点连接图，用句子之间的相似度作为边的权重，通过循环迭代计算句子的 TextRank 值，最后抽取排名高的句子组合成文本摘要。

7.3 能力提升训练——关键词提取

1. 训练目标

1）掌握使用 TF-IDF 算法、TextRank 算法、LSA 和 LDA 算法进行关键词提取的方法。

2）了解使用 PageRank 算法进行网页重要性排序的方法。

2. 案例分析

除了 TextRank 算法外，TF-IDF、LSA 和 LDA 算法都需要基于一个语料库才能对关键词进行提取。因此需要读入一个数据集，这里使用的数据集存放在一个文本中。

数据读入时，是一篇完整文章或者一段完整的文字，要实现关键词提取，需要首先对其进行分词，去停用词。除此之外，也可以通过词性对词进行进一步筛选，一般情况下，使用词性筛选的过程中仅保留名词作为关键词，但在实际应用中，可以根据场景不同选择过滤不同的词性，还可以选择调整关键词的数量等参数来观察不同参数的提取效果。

3. 实施步骤

在进行关键词提取时，通常需要对文本进行预处理，主要包括分词、词性过滤、去停用词。这里定义一个函数 preprocess 来实现上述功能，停用词存放在 stopwords.txt，去除分词结果中的停用词和长度小于 2 的词，pos 表示是否进行词性过滤，如果进行词性过滤，则只保存名词。

```python
def preprocess(sentence, pos=False):
    #分词方法,调用 jieba 接口
    if not pos:
        #不进行词性标注的分词方法
        seg_list = jieba.cut(sentence)
    else:
        #进行词性标注的分词方法
        seg_list = psg.cut(sentence)

    #停用词表存储路径,每一行为一个词,按行读取进行加载
    #进行编码转换确保匹配准确率
    stop_word_path = 'stopwords.txt'
    stopword_list = [sw.replace('\n', '') for sw in open(stop_word_path, encoding='utf-8').readlines()]

    #根据 pos 参数选择是否进行词性过滤,如果不进行词性过滤,则将词性都标记
为 n,表示全部保留
    filter_list = []
    for seg in seg_list:
        if not pos:
            word = seg
            flag = 'n'
        else:
            word = seg.word
```

```
                    flag = seg. flag
            if not flag. startswith('n'):
                    continue
            #过滤停用词表中的词以及长度<2的词
            if not word in stopword_list and lens(word) >1:
                    filter_list. append(word)
        return filter_list
```

（1）TF – IDF 算法

TF – IDF 算法需要计算词的统计特性，需要使用数据集。原数据集存放在 corpus. txt 文件里，文件中每一行都是一个文本。按行读取后，调用 preprocess 函数对数据集进行分词，去停用词。将原数据转变为词语列表。

```
def load_data(pos = False, corpus_path = 'corpus. txt'):
    #数据加载,pos 为是否词性标注的参数,corpus_path 为数据集路径
    #调用 preprocess 对文件进行预处理
    doc_list = [ ]
    for line in open(corpus_path, 'r', encoding = 'utf - 8'):
        content = line. strip()
        filter_list = preprocess(content, pos)
        doc_list. append(filter_list)

    return doc_list
```

通过数据库计算词的 IDF 值：

```
def get_idf(doc_list):
    #计算 IDF 值
    idf_dic = {}
    #总文档数
    sent_count = len(doc_list)

    #每个词出现的文档数
    for doc in doc_list:
        for word in set(doc):
```

```
        idf_dic[word] = idf_dic.get(word, 0.0) + 1.0


    #按公式转换为 IDF 值,分母加 1 进行平滑处理
    for k, v in idf_dic.items():
        idf_dic[k] = math.log(sent_count / (1.0 + v))

    #对于没有在字典中的词,默认其仅在一个文档出现,得到默认 IDF 值
    default_idf = math.log(sent_count / (1.0))
    return idf_dic, default_idf
```

根据具体要处理的文本计算每个词的 TF 值:

```
def get_tf_dic(word_list):
    #计算归一化 TF 值
    tf_dic = {}
    for word in word_list:
        tf_dic[word] = tf_dic.get(word, 0.0) + 1.0


    sent_count = len(word_list)
    for k, v in tf_dic.items():
        tf_dic[k] = float(v) / sent_count


    return tf_dic
```

调用之前计算的 IDF 值,得到 TF – IDF 值并进行排序:

```
def get_tfidf(idf_dic, default_idf, word_list, keyword_num):
    #计算 TF – IDF 值
    tfidf_dic = {}
    for word in word_list:
        idf = idf_dic.get(word, default_idf)
        tf_dic = get_tf_dic(word_list)
        tf = tf_dic.get(word, 0)


        tfidf = tf * idf
```

```
            tfidf_dic[word] = tfidf


        tfidf_dic.items()
        #根据 TF－IDF 值进行排序,取排名前 keyword_num 的词作为关键词
        #print(tfidf_dic.items())
        for k,v in sorted(tfidf_dic.items(), key = lambda x : x[1], reverse = True)[:key-
word_num]:
            print(k + "/ ", end = ")
        print()
```

完整的 TF－IDF 算法实现关键词提取程序如下:

```
import math
import numpy as np
import jieba
import jieba.posseg as psg


def preprocess(sentence, pos = False):
    #分词方法,调用 jieba 接口
    if not pos:
        #不进行词性标注的分词方法
        seg_list = jieba.cut(sentence)
    else:
        #进行词性标注的分词方法
        seg_list = psg.cut(sentence)

    #停用词表存储路径,每一行为一个词,按行读取进行加载
    #进行编码转换确保匹配准确率
    stop_word_path = 'stopwords.txt'
    stopword_list = [sw.replace('\n', ") for sw in open(stop_word_path, encoding = '
utf - 8').readlines()]

    #根据 pos 参数选择是否进行词性过滤,如果不进行词性过滤,则将词性都标记
为 n,表示全部保留
```

```
        filter_list = [ ]
        for seg in seg_list：
            if not pos：
                word = seg
                flag = 'n'
            else：
                word = seg. word
                flag = seg. flag
            if not flag. startswith('n')：
                continue
            #过滤停用词表中的词以及长度<2的词
            if not word in stopword_list and len(word) >1：
                filter_list. append(word)
        return filter_list


def load_data(pos = False, corpus_path = 'corpus. txt')：
    #数据加载,pos 为是否词性标注的参数,corpus_path 为数据集路径
    #调用 preprocess 对文件进行预处理
    doc_list = [ ]
    for line in open(corpus_path, 'r', encoding = 'utf - 8')：
        content = line. strip( )
        filter_list = preprocess(content, pos)
        doc_list. append(filter_list)
    return doc_list


def get_idf(doc_list)：
    #计算 IDF 值
    idf_dic = { }
    #总文档数
    sent_count = len(doc_list)


    #每个词出现的文档数
    for doc in doc_list：
```

```
        for word in set(doc):
            idf_dic[word] = idf_dic.get(word, 0.0) + 1.0


    #按公式转换为 IDF 值,分母加 1 进行平滑处理
    for k, v in idf_dic.items():
        idf_dic[k] = math.log(sent_count / (1.0 + v))


    #对于没有在字典中的词,默认其仅在一个文档出现,得到默认 IDF 值
    default_idf = math.log(sent_count / (1.0))
    return idf_dic, default_idf


def get_tf_dic(word_list):
    #计算归一化 TF 值
    tf_dic = {}
    for word in word_list:
        tf_dic[word] = tf_dic.get(word, 0.0) + 1.0


    sent_count = len(word_list)
    for k, v in tf_dic.items():
        tf_dic[k] = float(v) / sent_count
    return tf_dic


def get_tfidf(idf_dic, default_idf, word_list, keyword_num):
    #计算 TF - IDF 值
    tfidf_dic = {}
    for word in word_list:
        idf = idf_dic.get(word, default_idf)
        tf_dic = get_tf_dic(word_list)
        tf = tf_dic.get(word, 0)


        tfidf = tf * idf
        tfidf_dic[word] = tfidf
    tfidf_dic.items()
```

```
#根据 TF-IDF 值进行排序,取排名前 keyword_num 的词作为关键词
#print(tfidf_dic.items())
for k,v in sorted(tfidf_dic.items(), key = lambda x : x[1], reverse = True)[:key-
word_num]:
        print(k + "/ ", end = ")
    print()


def tfidf_extract(word_list, pos = False, keyword_num = 10):
doc_list = load_data(pos)
    idf_dic, default_idf = get_idf(doc_list)
    tfidf_model = get_tfidf(idf_dic, default_idf, word_list, keyword_num)


def tfidf_extract(word_list, pos = False, keyword_num = 10):
    doc_list = load_data(pos)
    idf_dic, default_idf = get_idf(doc_list)
    tfidf_model = get_tfidf(idf_dic, default_idf, word_list, keyword_num)
if __name__ = = '__main__':
    text = '6 月 19 日,《2012 年度"中国爱心城市"公益活动新闻发布会》在京举行。
中华社会救助基金会理事长许嘉璐到会讲话。基金会高级顾问朱发忠、全国老龄办
副主任朱勇、民政部社会救助司助理巡视员周萍、中华社会救助基金会副理事长耿
志远、重庆市民政局巡视员谭明政、晋江市人大常委会主任陈健倩以及 10 余个省、
市、自治区民政局领导及四十多家媒体参加了发布会。中华社会救助基金会秘书长
时正新介绍本年度"中国爱心城市"公益活动将以"爱心城市宣传、孤老关爱救助项
目及第二届中国爱心城市大会"为主要内容,重庆市、呼和浩特市、长沙市、太原市、
蚌埠市、南昌市、汕头市、沧州市、晋江市及遵化市将会积极参加这一公益活动。会
上,中华社会救助基金会与"第二届中国爱心城市大会"承办方晋江市签约,许嘉
璐理事长接受晋江市参与"百万孤老关爱行动"向国家重点扶贫地区捐赠的价值
400 万元的款物。晋江市人大常委会主任陈健倩介绍了大会的筹备情况。'
    filter_list = preprocess(text,pos = True)
    tfidf_extract(filter_list)


    filter_list = preprocess(text,pos = False)
    tfidf_extract(filter_list)
```

运行上述程序，输出结果如下：

晋江市/ 城市/ 爱心/ 基金会/ 巡视员/ 重庆市/ 人大常委会/ 陈健倩/ 大会/ 中华/
晋江市/ 救助/ 城市/ 爱心/ 基金会/ 巡视员/ 重庆市/ 人大常委会/ 陈健倩/ 孤老/

（2）TextRank 算法

使用 Python 实现 PageRank 算法的计算：

```
import networkx as nx
#创建有向图
G = nx. DiGraph()
#有向图之间边的关系
edges = [("A", "B"), ("A", "C"), ("B", "C"), ("C", "A")]
for edge in edges：
    G. add_edge(edge[0], edge[1], name = edge[0])
pagerank_list = nx. pagerank(G, alpha = 1)
print("pagerank 值是：", pagerank_list)
```

运行上述程序，输出结果如下：

```
pagerank 值是：{'A': 0.400000254313151, 'B': 0.1999994913736979, 'C':
0.400000254313151}
```

在使用 TextRank 算法进行关键词提取时，可以脱离语料库的背景，仅对单篇文档进行分析就可以提取该文档的关键词。因此不需要导入数据集，只对要处理的文档进行预处理即可，使用的函数依然是 preprocess。然后根据窗口的大小得到词与词之间的链接关系。

```
def createNodes(window, word_list)：
    #根据窗口，构建每个节点的相邻节点，返回边的集合
    edge_dict = {} #记录节点的边连接字典
    tmp_list = []
    word_list_len = len(word_list)
    for index, word in enumerate(word_list)：
        if word not in edge_dict. keys()：
            tmp_list. append(word)
            tmp_set = set()
            left = index - window + 1 #窗口左边界
            right = index + window #窗口右边界
```

```
                if left < 0：
                    left = 0
                if right > = word_list_len：
                    right = word_list_len
                for i in range(left, right)：
                    if i = = index：
                        continue
                    tmp_set. add(word_list[i])
                edge_dict[word] = tmp_set
        return edge_dict


def createMatrix(word_list, edge_dict)：
    #根据边的相连关系,构建矩阵
    matrix = np. zeros([len(set(word_list)), len(set(word_list))])
    word_index = {}#记录词的 index
    index_dict = {}#记录节点 index 对应的词
    for i, v in enumerate(set(word_list))：
            word_index[v] = i
        index_dict[i] = v
    for key in edge_dict. keys()：
        for w in edge_dict[key]：
            matrix[word_index[key]][word_index[w]] = 1
            matrix[word_index[w]][word_index[key]] = 1
    #print(matrix)
    #归一化
    for j in range(matrix. shape[1])：
        sum = 0
        for i in range(matrix. shape[0])：
            sum + = matrix[i][j]
        for i in range(matrix. shape[0])：
            matrix[i][j] / = sum
    #print(index_dict)
    return matrix, index_dict
```

在得到词与词之间的链接关系之后，根据 TextRank 的计算方法，对每个词的得分进行计算：

```python
def calPR(word_list, matrix, alpha, iternum):
    #根据 textrank 公式计算权重
    PR = np.ones([len(set(word_list)), 1])
    for i in range(iternum):
        PR = (1 - alpha) + alpha * np.dot(matrix, PR)
    return PR
```

完整的 TextRank 算法实现关键词提取程序如下：

```python
import numpy as np
import jieba
import jieba.posseg as psg
def preprocess(sentence, pos = False):
    #分词方法，调用 jieba 接口
    if not pos:
        #不进行词性标注的分词方法
        seg_list = jieba.cut(sentence)
    else:
        #进行词性标注的分词方法
        seg_list = psg.cut(sentence)

    #停用词表存储路径，每一行为一个词，按行读取进行加载
    #进行编码转换确保匹配准确率
    stop_word_path = 'stopwords.txt'
    stopword_list = [sw.replace('\n', '') for sw in open(stop_word_path, encoding = 'utf-8').readlines()]

    #根据 pos 参数选择是否进行词性过滤，如果不进行词性过滤，则将词性都标记为 n，表示全部保留
    filter_list = []
    for seg in seg_list:
```

```
        if not pos:
            word = seg
            flag = 'n'
        else:
            word = seg. word
            flag = seg. flag
        if not flag. startswith('n'):
            continue
        #过滤停用词表中的词以及长度 < 2 的词
        if not word in stopword_list and len(word) > 1:
            filter_list. append(word)
    return filter_list

def createNodes(window, word_list):
    #根据窗口,构建每个节点的相邻节点,返回边的集合
    edge_dict = {} #记录节点的边连接字典
    tmp_list = []
    word_list_len = len(word_list)
    for index, word in enumerate(word_list):
        if word not in edge_dict. keys():
            tmp_list. append(word)
            tmp_set = set()
            left = index - window + 1    #窗口左边界
            right = index + window    #窗口右边界
            if left < 0:
                left = 0
            if right > = word_list_len:
                right = word_list_len
            for i in range(left, right):
                if i = = index:
                    continue
                tmp_set. add(word_list[i])
            edge_dict[word] = tmp_set
```

```
        return edge_dict

def createMatrix(word_list, edge_dict):
    #根据边的相连关系,构建矩阵
    matrix = np.zeros([len(set(word_list)), len(set(word_list))])
    word_index = {}#记录词的 index
    index_dict = {}#记录节点 index 对应的词
    for i, v in enumerate(set(word_list)):
        word_index[v] = i
        index_dict[i] = v
    for key in edge_dict.keys():
        for w in edge_dict[key]:
            matrix[word_index[key]][word_index[w]] = 1
            matrix[word_index[w]][word_index[key]] = 1
    #print(matrix)
    #归一化
    for j in range(matrix.shape[1]):
        sum = 0
        for i in range(matrix.shape[0]):
            sum += matrix[i][j]
        for i in range(matrix.shape[0]):
            matrix[i][j] /= sum
    #print(index_dict)
    return matrix, index_dict


def calPR(word_list, matrix, alpha, iternum):
    #根据 textrank 公式计算权重
    PR = np.ones([len(set(word_list)), 1])
    for i in range(iternum):
        PR = (1 - alpha) + alpha * np.dot(matrix, PR)
    return PR


def printResult(index_dict, PR, keyword_num):
    #输出词和相应的权重
```

```
        words = {}
        for i in range(len(PR)):
            words[index_dict[i]] = PR[i][0]
        #print(sorted(words. items(), key = lambda x : x[1], reverse = True))
        for k,v in sorted(words. items(), key = lambda x : x[1], reverse = True)[:key-
word_num]:
            print(k + "/", end = ")
        print()


def textrank_extract(word_list, window = 5, alpha = 0.85, iternum = 500, keyword_num
= 10):
    edge_dict = createNodes(window, word_list)
    matrix, index_dict = createMatrix(word_list, edge_dict)
    PR = calPR(word_list, matrix, alpha, iternum)
    printResult(index_dict, PR, keyword_num)
if __name__ = = '__main__':
    text = '6 月 19 日,《2012 年度"中国爱心城市"公益活动新闻发布会》在京举行。
```

中华社会救助基金会理事长许嘉璐到会讲话。基金会高级顾问朱发忠,全国老龄办
副主任朱勇,民政部社会救助司助理巡视员周萍,中华社会救助基金会副理事长耿
志远,重庆市民政局巡视员谭明政。晋江市人大常委会主任陈健倩,以及 10 余个
省、市、自治区民政局领导及四十多家媒体参加了发布会。中华社会救助基金会秘
书长时正新介绍本年度"中国爱心城市"公益活动将以"爱心城市宣传、孤老关爱救
助项目及第二届中国爱心城市大会"为主要内容,重庆市、呼和浩特市、长沙市、太原
市、蚌埠市、南昌市、汕头市、沧州市、晋江市及遵化市将会积极参加这一公益活动。
会上,中华社会救助基金会与"第二届中国爱心城市大会"承办方晋江市签约,许嘉
璐理事长接受晋江市参与"百万孤老关爱行动"向国家重点扶贫地区捐赠的价值
400 万元的款物。晋江市人大常委会主任陈健倩介绍了大会的筹备情况。'

```
    word_list = preprocess(text, pos = False)
    textrank_extract(word_list, window = 5, alpha = 0.85, keyword_num = 10)


    word_list = preprocess(text, pos = True)
    textrank_extract(word_list, window = 5, alpha = 0.85, keyword_num = 10)
```

运行上述程序，输出结果如下：

城市/救助/晋江市/中国/社会/基金会/爱心/主任/介绍/公益活动/

城市/社会/基金会/晋江市/中国/公益活动/中华/巡视员/理事长/爱心/

使用 jieba 工具包进行基于 TF – IDF 算法的关键词提取：

```
keywords = jieba. analyse. extract_tags ( content, topK = 5, withWeight = True, allowPOS =
())
```

参数说明：

content：待提取关键词的文本，不需要分词、去停用词。

topK：返回关键词的数量，重要性从高到低排序。

withWeight：是否同时返回每个关键词的权重。

allowPOS：词性过滤，为空表示不过滤，若提供则仅返回符合词性要求的关键词。

```
import jieba. analyse

text = '6 月 19 日,《2012 年度"中国爱心城市"公益活动新闻发布会》在京举行。中
华社会救助基金会理事长许嘉璐到会讲话。基金会高级顾问朱发忠,全国老龄办副
主任朱勇,民政部社会救助司助理巡视员周萍,中华社会救助基金会副理事长耿志
远,重庆市民政局巡视员谭明政。晋江市人大常委会主任陈健倩,以及 10 余个省、
市、自治区民政局领导及四十多家媒体参加了发布会。中华社会救助基金会秘书长
时正新介绍本年度"中国爱心城市"公益活动将以"爱心城市宣传、孤老关爱救助项
目及第二届中国爱心城市大会"为主要内容,重庆市、呼和浩特市、长沙市、太原市、
蚌埠市、南昌市、汕头市、沧州市、晋江市及遵化市将会积极参加这一公益活动。会
上,中华社会救助基金会与"第二届中国爱心城市大会"承办方晋江市签约,许嘉璐
理事长接受晋江市参与"百万孤老关爱行动"向国家重点扶贫地区捐赠的价值 400
万元的款物。晋江市人大常委会主任陈健倩介绍了大会的筹备情况。
keywords = "/". join( jieba. analyse. extract_tags( sentence = text, topK = 20, withWeight
= False, allowPOS = ()) )
print( keywords)

keywords = jieba. analyse. extract_tags( text, topK = 10, withWeight = True, allowPOS =
(['n', 'v']))
print( keywords)
```

运行上述程序，输出结果如下：

> 晋江市/救助/爱心/基金会/城市/中华/许嘉璐/陈健倩/孤老/社会/公益活动/巡视员/民政局/大会/关爱/人大常委会/第二届/主任/理事长/重庆市
> [('爱心', 0.6458635791128787), ('基金会', 0.5078313172187879), ('社会', 0.3401152379219697), ('公益活动', 0.31621035603636366), ('巡视员', 0.3143732462848485), ('大会', 0.2801193342859091), ('关爱', 0.27540888777575756), ('理事长', 0.25319697598484847), ('介绍', 0.25156999706727273), ('承办方', 0.1896118680439394)]

基于 TextRank 算法的关键词抽取：

```
jieba. analyse. textrank(sentence, topK = 20, withWeight = False, allowPOS = ('ns', 'n', 'vn', 'v'))
```

接口与 jieba. analyse. extract_tags 相同，需要注意的是默认过滤词性。

```
result = "/". join(jieba. analyse. textrank(text))
print(result)


result = "/". join(jieba. analyse. textrank(text, topK = 20, withWeight = False, allow-POS = (["n", "v"])))
print(result)
```

运行上述程序，输出结果如下：

> 城市/爱心/中国/救助/晋江市/社会/介绍/大会/基金会/重庆市/媒体/公益活动/关爱/理事长/蚌埠市/宣传/参加/国家/太原市/呼和浩特市
> 爱心/社会/介绍/媒体/基金会/价值/大会/公益活动/理事长/国家/参加/新闻/领导/金会/频道/副理事长/总监/重点/扶贫/地区

（3）LSA、LDA 算法

LSA、LDA 算法主要用到了 Gensim 模块的 model 中的 LsiModel 和 LdaModel：

```
models. LsiModel(corpus_tfidf, id2word = dictionary, num_topics = num_topics)
models. LdaModel(corpus_tfidf, id2word = dictionary, num_topics = num_topics)
```

参数说明：

corpus_tfidf：文本的 tfidf 向量。

id2word：语料字典。

num_topics：主题数量，也是进行 SVD 分解时的矩阵列向量数。

基于 LSA、LDA 算法的关键词提取：

```python
import math
import jieba
import jieba. posseg as psg
from gensim import corpora, models


def preprocess(sentence, pos = False):
    if not pos:
        seg_list = jieba. cut(sentence)
    else:
        seg_list = psg. cut(sentence)
    stop_word_path = 'stopwords. txt'
    stopword_list = [sw. replace('\n', '') for sw in open(stop_word_path,encoding = 'utf
- 8'). readlines()]
    filter_list = []
    for seg in seg_list:
        if not pos:
            word = seg
            flag = 'n'
        else:
            word = seg. word
            flag = seg. flag
        if not flag. startswith('n'):
            continue
        #过滤停用词表中的词以及长度 < 2 的词
        if not word in stopword_list and len(word) > 1:
            filter_list. append(word)
    return filter_list

def load_data(pos = False, corpus_path = 'corpus. txt'):
    #数据加载,pos 为是否词性标注的参数,corpus_path 为数据集路径
    #调用 preprocess 对文件进行预处理
```

```
        doc_list = [ ]
        for line in open(corpus_path, 'r', encoding = 'utf - 8'):
            content = line. strip()

            filter_list = preprocess(content, pos)
            doc_list. append(filter_list)
        return doc_list


#主题模型
class TopicModel(object):
    #三个传入参数:处理后的数据集,关键词数量,具体模型(LSA、LDA),主题数量
    def __init__(self, doc_list, model = 'LSA', num_topics = 4):
        #将文本转为向量化表示
        self. dictionary = corpora. Dictionary(doc_list)    #建立词典
        corpus = [self. dictionary. doc2bow(doc) for doc in doc_list]    #使用 BOW 模
型向量化
        #对每个词,根据 TF - IDF 进行加权,得到加权后的向量表示
        self. tfidf_model = models. TfidfModel(corpus)
        self. corpus_tfidf = self. tfidf_model[corpus]
        #选择加载的模型
        if model = = 'LSA':
            self. model = models. LsiModel(self. corpus_tfidf, id2word = self. dictionary,
num_topics = num_topics)
        else:
            self. model = models. LdaModel(self. corpus_tfidf, id2word = self. dictionary,
num_topics = num_topics)


        #得到数据集的主题-词分布
        dictionary = [ ]
        for doc in doc_list:
            dictionary. extend(doc)
        word_dic = list(set(dictionary))
        self. wordtopic_dic = self. get_wordtopic(word_dic)
```

```
    def get_wordtopic( self, word_dic) :
        wordtopic_dic = { }
        for word in word_dic:
            single_list = [ word ]
            wordcorpus = self. tfidf_model[ self. dictionary. doc2bow( single_list ) ]
            wordtopic = self. model[ wordcorpus ]
            wordtopic_dic[ word ] = wordtopic
        return wordtopic_dic
```

#计算词的分布和文档的分布的相似度,取相似度最高的 keyword_num 个词作为关键词

```
    def get_simword( self, word_list, keyword_num = 10) :
        sentcorpus = self. tfidf_model[ self. dictionary. doc2bow( word_list ) ]
        senttopic = self. model[ sentcorpus ]

        def calsim( l1, l2) :
            a, b, c = 0. 0, 0. 0, 0. 0
            for t1, t2 in zip( l1, l2) :
                x1 = t1[ 1 ]
                x2 = t2[ 1 ]
                a + = x1 * x1
                b + = x1 * x1
                c + = x2 * x2
            sim = a / math. sqrt( b * c) if not ( b * c) = = 0. 0 else 0. 0
            return sim

        #计算输入文本和每个词的主题分布相似度
        sim_dic = { }
        for k, v in self. wordtopic_dic. items( ) :
            if k not in word_list:
                continue
            sim = calsim( v, senttopic )
            sim_dic[ k ] = sim
```

```
                for k,v in sorted(sim_dic. items(), key = lambda x : x[1], reverse = True)[:
keyword_num]:
                    print(k + "/", end = ")
                print()


    def doc2bowvec(self, word_list):
        vec_list = [1 if word in word_list else 0 for word in self. dictionary]
        return vec_list
def topic_extract(word_list, model = 'LSA', pos = False, keyword_num = 10):
    doc_list = load_data(pos)
    topic_model = TopicModel(doc_list, keyword_num)
    topic_model. get_simword(word_list)

if __name__ = ='__main__':
    text = '6 月 19 日,《2012 年度"中国爱心城市"公益活动新闻发布会》在京举行。
```

中华社会救助基金会理事长许嘉璐到会讲话。基金会高级顾问朱发忠,全国老龄办副主任朱勇,民政部社会救助司助理巡视员周萍,中华社会救助基金会副理事长耿志远,重庆市民政局巡视员谭明政。晋江市人大常委会主任陈健倩,以及 10 余个省、市、自治区民政局领导及四十多家媒体参加了发布会。中华社会救助基金会秘书长时正新介绍本年度"中国爱心城市"公益活动将以"爱心城市宣传、孤老关爱救助项目及第二届中国爱心城市大会"为主要内容,重庆市、呼和浩特市、长沙市、太原市、蚌埠市、南昌市、汕头市、沧州市、晋江市及遵化市将会积极参加这一公益活动。会上,中华社会救助基金会与"第二届中国爱心城市大会"承办方晋江市签约,许嘉璐理事长接受晋江市参与"百万孤老关爱行动"向国家重点扶贫地区捐赠的价值 400 万元的款物。晋江市人大常委会主任陈健倩介绍了大会的筹备情况。'

```
    filter_list = preprocess(text, pos = True)
    topic_extract(filter_list, 'LSA')
    topic_extract(filter_list, 'LDA')
```

运行上述程序,输出结果如下:

年度/晋江市/公益活动/民政部/大会/重庆市/巡视员/陈健倩/许嘉璐/人大常委/
晋江市/民政部/年度/中华/大会/理事长/陈健倩/巡视员/重庆市/许嘉璐/

7.4 能力提升训练——自动文摘

1. 训练目标

掌握使用 Python 实现自动文摘的方法。

2. 案例分析

本案例主要实现基于统计的方法和基于 TextRank 算法的自动文摘。对存储在 sanxing-dui. txt 的文本进行摘要提取。

sanxingdui. txt：

从 2020 年开始，三星堆遗址新发现的 6 个祭祀坑的考古发掘工作被纳入"考古中国"重大项目。为此，四川省文物考古研究院联合了国内 39 家科研机构、大学院校以及科技公司，共同开展三星堆遗址的考古发掘、文物保护与多学科研究等工作，并取得了阶段性的重要成果。

这些重要成果，给我们带来了哪些关于 3000 多年前神秘古蜀文明的新信息呢？

……

本次发掘的若干新器物，显示出三星堆遗址与国内其他地区存在的密切文化联系。比如 3 号坑和 8 号坑发现的铜尊、铜罍、铜瓿为中原殷商文化的典型铜器；3 号坑和 4 号坑发现的玉琮来自甘青地区齐家文化；3 号坑、7 号坑和 8 号坑发现的有领玉璧、玉璋、玉戈等，在河南、陕西、山东以及广大的华南地区都有发现。而各坑都有大量发现的金器，则与半月形地带自古有之的金器使用传统相符。

此外，神树、顶尊跪坐人像以及大量龙形象器物的发现，则表明三星堆遗址的使用者在自身认同、礼仪宗教以及对于天地自然的认识与国内其他地区人群相近，无疑确切表明三星堆遗址所属的古蜀文明是中华文明的重要一员。

3. 实施步骤

（1）基于统计的方法

首先需要对文档进行分段、分句，并标注句子的位置，然后根据句子的位置得到句子的位置权重：

```
def_CalcSentenceWeightByPos( self ):
    # 计算句子的位置权重
    for sentence in self. sentences：
    mark = sentence[ "pos" ][ "mark" ]
    weightPos = 0
    if "FIRSTSECTION" in mark：#first sentence,x 为 0,第一段
        weightPos = weightPos + 2
    if "FIRSTSENTENCE" in mark：#first sentence,y 为 0,第一句
        weightPos = weightPos + 2
    if "LASTSENTENCE" in mark：# last sentence,最后一句
        weightPos = weightPos + 1
    if "LASTSECTION" in mark：#last section,x 为列表长度 -1,为最后一段
        weightPos = weightPos + 1
    sentence[ "weightPos" ] = weightPos
```

提取关键词，根据提取的关键词计算句子的关键词得分：

```
def _CalcKeywords( self)：
    #使用 jieba 工具包得到到关键词
    self. keywords = jieba. analyse. extract_tags( self. text, topK = 20, withWeight = False,
allowPOS = ( 'n','vn','v') )
    print( self. keywords)


def _CalcSentenceWeightByKeywords( self)：
    #计算句子的关键词权重
    for sentence in self. sentences：
        sentence[ "weightKeywords" ] = 0
for keyword in self. keywords：
    for sentence in self. sentences：
        if sentence[ "text" ]. find( keyword) > = 0：
            sentence[ "weightKeywords" ] = sentence[ "weightKeywords" ] +1
```

计算线索词权重：

```
def _CalcSentenceWeightByCueWords(self):
    # 计算句子的线索词权重
    index = ["成果","发掘","发现"]
    for sentence in self.sentences:
        sentence["weightCueWords"] = 0
    for i in index:
        for sentence in self.sentences:
            if sentence["text"].find(i) >= 0:
                sentence["weightCueWords"] = 1
```

最后，对三个权重值进行加权求和，得到句子的整体权重，根据压缩率，输出摘要：

```
for sentence in self.sentences:
    sentence["weight"] = sentence["weightPos"] + 2 * sentence["weightCue-
Words"] + sentence["weightKeywords"]
```

完整的基于统计的方法进行文本摘要程序如下：

```
import jieba.analyse
import jieba.posseg

class TextSummary(object):
    text = ""
    title = ""
    keywords = list()
    sentences = list()
    summary = list()

    def _init_(self, title, text):
        self.title = title
        self.text = text

    def _SplitSentence(self):
        # 通过换行符对文档进行分段并去除空行
        sections = self.text.split("\n")
```

```
for section in sections：
    if section == ""：
        sections.remove(section)
```

通过分割符对每个段落进行分句，text 表示句子，pos 表示位置，x 表示第几段，y 表示第几句

```
for i in range(len(sections))：
    section = sections[i]
    text = ""
    k = 0
    for j in range(len(section))：
        char = section[j]
        text = text + char
        if char in ["!", "。", "?"] or j == len(section) - 1：
            text = text.strip()
            sentence = dict()
            sentence["text"] = text
            sentence["pos"] = dict()
            sentence["pos"]["x"] = i #x 表示第几段
            sentence["pos"]["y"] = k #y 表示第几句
            # 将处理结果加入 self.sentences
            self.sentences.append(sentence)
            text = ""
            k = k + 1
```

#print(self.sentences) #输出[{'text': '从 2020 年开始，三星堆遗址新发现的 6 个祭祀坑的考古发掘工作被纳入"考古中国"重大项目。', 'pos': {'x': 0, 'y': 0}},...]

```
for sentence in self.sentences：
    sentence["text"] = sentence["text"].strip()
    if sentence["text"] == ""：
        self.sentences.remove(sentence)
```

对文章中的句子的位置进行标注，通过 mark 列表，标注出是否是第一段、尾段、第一句、最后一句

```
lastpos = dict()
```

```python
            lastpos["x"] = 0
            lastpos["y"] = 0
            lastpos["mark"] = list()
        for sentence in self.sentences:
            pos = sentence["pos"]
            pos["mark"] = list()
            if pos["x"] == 0:
                pos["mark"].append("FIRSTSECTION")  #first section,x 为 0,第一段
            if pos["y"] == 0:
                pos["mark"].append("FIRSTSENTENCE")  #first sentence,y 为 0,第一句
                lastpos["mark"].append("LASTSENTENCE")  #last sentence
            if pos["x"] == self.sentences[len(self.sentences) - 1]["pos"]["x"]:  #最
后一句的 x 即为最后一段的标号,将该标号的句子标为最后一段
                pos["mark"].append("LASTSECTION")  #last section,x 为列表长度 - 1,
为最后一段
            lastpos = pos
        lastpos["mark"].append("LASTSENTENCE")  #last sentence


    def _CalcKeywords(self):
        self.keywords = jieba.analyse.extract_tags(self.text, topK = 20, withWeight =
False, allowPOS = ('n','vn','v'))
        print(self.keywords)


    def _CalcSentenceWeightByKeywords(self):
        # 计算句子的关键词权重
        for sentence in self.sentences:
            sentence["weightKeywords"] = 0
        for keyword in self.keywords:
            for sentence in self.sentences:
                if sentence["text"].find(keyword) >= 0:
                    sentence["weightKeywords"] = sentence["weightKeywords"] + 1

    def _CalcSentenceWeightByPos(self):
        # 计算句子的位置权重
```

```
    for sentence in self. sentences：
        mark  =  sentence["pos"]["mark"]
        weightPos  =  0
        if "FIRSTSECTION" in mark：# first sentence,x 为0,第一段
            weightPos  =  weightPos  +  2
        if "FIRSTSENTENCE" in mark：# first sentence,y 为0,第一句
            weightPos  =  weightPos  +  2
        if "LASTSENTENCE" in mark：# last sentence,最后一句
            weightPos  =  weightPos  +  1
        if "LASTSECTION" in mark：# last section,x 为列表长度 -1,为最后一段
            weightPos  =  weightPos  +  1
        sentence["weightPos"]  =  weightPos


    def _CalcSentenceWeightByCueWords(self)：
        # 计算句子的线索词权重
        index  =  ["成果","发掘","发现"]
        for sentence in self. sentences：
            sentence["weightCueWords"]  =  0
        for i in index：
            for sentence in self. sentences：
                if sentence["text"]. find(i)  > = 0：
                    sentence["weightCueWords"]  =  1



    def _CalcSentenceWeight(self)：
        self. _CalcSentenceWeightByPos()  #计算句子的位置权重,第一段 +2,第一句 +
2,最后一句 +1,最后一段 +1,sentence["weightPos"]
        self. _CalcSentenceWeightByCueWords()  #计算句子的线索词权重,句子中有["成
果","发掘","发现"]的权重 +1,sentence["weightCueWords"]
        self. _CalcSentenceWeightByKeywords()  #计算句子的关键词权重,句子中有关键
词的 +1,sentence["weightKeywords"]
        for sentence in self. sentences：
```

```
        sentence["weight"] = sentence["weightPos"] + 2 * sentence["weightCue-
Words"] + sentence["weightKeywords"] #句子权重 = 位置权重 + 2 * 线索词权
重 + 关键词权重


    def CalcSummary(self,ratio): #ratio 压缩率
        # 清空变量
        self.keywords = list()
        self.sentences = list()
        self.summary = list()


        # 调用方法,分别计算关键词、分句,计算权重
        self._CalcKeywords() #得到 20 个关键词
        self._SplitSentence() #将段落分句,并标注第一段、尾段、第一句话、最后一句话
        self._CalcSentenceWeight() #得到句子权重


        # 对句子的权重值进行排序
        self.sentences = sorted(self.sentences, key = lambda k: k['weight'], reverse =
True)


        # 根据排序结果,取排名占前 ratio% 的句子作为摘要
        # print(len(self.sentences))
        for i in range(len(self.sentences)):
            if i < ratio * len(self.sentences):
                sentence = self.sentences[i]
                self.summary.append(sentence["text"])
        return self.summary


if _name_ == "_main_":
    ratio = 0.1 #压缩率
    text = open("rujia.txt", encoding = "utf - 8").read()
    title = "三星堆的这些新发现 带来了哪些古蜀文明的新信息?"
    textsummary = TextSummary(title,text)
    summary = textsummary.CalcSummary(ratio)
    print(summary)
```

运行上述程序，输出结果如下：

['发现', '遗址', '考古', '发掘', '祭祀坑', '器物', '灰烬', '铜器', '跪坐', '金器', '文化', '植物', '表明', '埋藏', '丝绸', '祭祀', '分析', '成果', '地区', '新出土']

['从 2020 年开始，三星堆遗址新发现的 6 个祭祀坑的考古发掘工作被纳入"考古中国"重大项目。', '此外，神树、顶尊跪坐人像以及大量龙形象器物的发现，则表明三星堆遗址的使用者在自身认同、礼仪宗教以及对于天地自然的认识与国内其他地区人群相近，无疑确切表明三星堆遗址所属的古蜀文明是中华文明的重要一员。']

（2）TextRank 方法

首先将文本进行分句、分词、去停用词，加载预训练词向量，得到文本中词的向量表示，对每个句子的所有词向量取均值作为这个句子的特征向量：

```
sentence_vectors = []
for line in words_list:
    if len(line)! =0:
        v = np.round(sum(word_embeddings.get(word, np.zeros((300,))) for word in line)/(len(line)))
    else:
        v = np.zeros((300,))
    sentence_vectors.append(v)
```

然后使用余弦相似度函数计算句子之间的相似性：

```
sim_mat = np.zeros([len(sentences_list), len(sentences_list)])
for i in range(len(sentences_list)):
    for j in range(len(sentences_list)):
        if i! =j:
            sim_mat[i][j] = cosine_similarity(sentence_vectors[i].reshape(1, 300), sentence_vectors[j].reshape(1,300))[0,0]
```

得到相似性矩阵后，构建以句子为结点，相似性为边的图，使用 TextRank 算法计算句子的得分，排序后输出一定数量的句子作为文本的摘要。

完整的使用 TextRank 算法进行文本摘要的程序如下：

```
import numpy as np
import jieba
from itertools import chain
import networkx as nx
import math
from pyltp import SentenceSplitter
from sklearn. metrics. pairwise import cosine_similarity
from gensim. models import KeyedVectors

def SplitSentence( file_path) :
    #读取文档,进行分句
    sentences_list = [ ]
    fp = open( file_path,'r',encoding = "utf 8")
    for line in fp. readlines( ): #使用 ITP 的分句模块进行分句
        line = line. replace( ' ',")
        sents = SentenceSplitter. split( line. strip( ))
        sentences_list. append( sents)
    sentences_list = list( chain. from_iterable( sentences_list) )
    #print( sentences_list)
    #print( "句子总数:", len( sentences_list) )
    return sentences_list


def SplitWords( sentence) :
    # 对句子进行分词、去停用词
    sentence_depart = jieba. cut( sentence. strip( ))
    word_list = [ ]
    stopwords = [ word. strip( ) for word in
open( 'stopwords. txt',encoding = 'utf - 8'). readlines( )]  #加载停用词
    for word in sentence_depart:
        if word not in stopwords:
            word_list. append( word)
    return word_list


sentences_list = SplitSentence( 'sanxingdui. txt')
words_list = [ ]
```

```
for sentence in sentences_list:
    line_seg = SplitWords(sentence)
    words_list.append(line_seg)
#print(words_list)


# 使用 gensim 加载预训练中文分词 embedding,有可能需要等待 1~2min
#每个词 300 维
cn_model = KeyedVectors.load_word2vec_format('sgns.zhihu.bigram',
        binary = False, unicode_errors = "ignore")


#将词转换为词向量
word_embeddings = {}
for word in list(chain.from_iterable(words_list)):
    try:
        word_embeddings[word] = cn_model.vectors[cn_model.key_to_index[word]]
    except KeyError:
        continue
#print(word_embeddings)


#计算句子的特征向量
sentence_vectors = []
for line in words_list:
    if len(line)! =0:
        # 如果句子中的词语不在字典中,那就把 embedding 设为 300 维、元素为 0
的向量
        # 得到句子中全部词的词向量后,求平均值,得到句子的向量表示
        v = np.round(sum(word_embeddings.get(word, np.zeros((300,))) for
word in line)/(len(line)))
    else:
        # 如果句子为[ ],那么就表示向量为 300 维、元素为 0 的向量
        v = np.zeros((300,))
    sentence_vectors.append(v)
#print(sentence_vectors)
```

```
#计算句子之间的余弦相似度,构成相似度矩阵
sim_mat = np. zeros([len(sentences_list), len(sentences_list)])

for i in range(len(sentences_list)):
    for j in range(len(sentences_list)):
        if i ! = j:
            sim_mat[i][j] = cosine_similarity(sentence_vectors[i].reshape(1,300),
sentence_vectors[j].reshape(1,300))[0,0]
#print(sim_mat)
#print("句子相似度矩阵的形状为:",sim_mat.shape)


#迭代得到句子的 TextRank 值,排序并取出摘要
# 利用句子相似度矩阵构建图结构,句子为节点,句子相似度为转移概率
nx_graph = nx.from_numpy_matrix(sim_mat)


# 得到所有句子的 TextRank 值
scores = nx.pagerank(nx_graph)


# 根据 TextRank 值对未处理的句子进行排序
ranked_sentences = sorted((((scores[i],s) for i,s in enumerate(sentences_list)), re-
verse = True)


# 取出得分最高的几个句子作为摘要
ratio = 0.1
sn = math.ceil(ratio * len(sentences_list))
for i in range(sn):
    print(ranked_sentences[i][1])
```

运行上述程序,输出结果如下:

此外,神树、顶尊跪坐人像以及大量龙形象器物的发现,则表明三星堆遗址的使用者在自身认同、礼仪宗教以及对于天地自然的认识与国内其他地区人群相近,无疑确切表明三星堆遗址所属的古蜀文明是中华文明的重要一员。

本次发掘的若干新器物,显示出三星堆遗址与国内其他地区存在的密切文化联系——比如 3 号坑和 8 号坑发现的铜尊、铜罍、铜瓿为中原殷商文化的典型铜器;

7.5 能力提升训练——词云

1. 训练目标

1）掌握词云的生成方法。

2）掌握 wordcloud 库的基本使用。

2. 案例分析

"词云"就是通过形成"关键词云层"或"关键词渲染"，对文本中出现频率较高的"关键词"进行视觉上的突出，如图 7-6 所示。词云图可以过滤掉大量的文本信息，使浏览网页者只要一眼扫过文本就可以领略文本的主旨。

图 7-6　词云示例

wordcloud 是优秀的词云展示第三方库。在命令行输入：pip install wordcloud，即可安装 wordcloud。

wordcloud 库将词云当作一个 wordcloud 对象，wordcloud. WordCloud ( ) 代表一个文本对应的词云，可以根据文本中词语出现的频率等参数来绘制词云，词云的形状、尺寸和颜色都可以自行设定。具体命令如下：

```
class wordcloud. WordCloud ( font _ path = None, width = 400, height = 200, margin = 2,
ranks_only = None, prefer_horizontal = 0.9, mask = None, scale = 1, color_func = None,
max_words = 200, min_font_size = 4, stopwords = None, random_state = None, background
_color = 'black', max_font_size = None, font_step = 1, mode = 'RGB', relative_scaling = 0.5,
regexp = None, collocations = True, colormap = None, normalize_plurals = True)
```

参数：

font_path：指定字体文件的路径，默认为 None。

width：指定词云对象生成图片的宽度，默认为 400px。

height：指定词云对象生成图片的高度，默认为 200px。

prefer_horizontal：词语水平方向排版出现的频率，默认为 0.9（词语垂直方向排版出现频率为 0.1）。

mask：指定词云形状，默认为长方形，需要修改形状时，使用 imread () 函数引入。

scale：按照比例放大画布，如设置为 1.5，则长和宽都是原来画布的 1.5 倍。

color_func：生成新颜色的函数，如果为空，则使用 self. color_func。

max_words：指定词云显示的最大单词数量，默认为 200。

min_font_size：指定词云中字体的最小字号，默认为 4 号。

stopwords：指定词云的排除词列表，即不显示的单词列表。

background_color：指定词云图片的背景颜色，默认为黑色。

max_font_size：指定词云中字体的最大字号，根据高度自动调节。

font_step：指定词云中字体字号的步进间隔，默认为 1。

mode：当参数为"RGBA"并且 background_color 不为空时，背景为透明。

relative_scaling：字体大小的相对频率的重要性。如果 relative_scaling = 0，则只考虑单词的等级。如果 relative_scaling = 1，则出现频率两倍的单词的大小也会增加一倍。如果想要考虑单词的频率而不仅是它们的排名，建议将 relative_scaling 设为 5。

regexp：使用正则表达式分隔输入的文本。

collocations：是否包括两个词的搭配。

colormap：给每个单词随机分配颜色，若指定 color_func，则忽略该方法。

normalize_plurals：移除单词末尾的's'，布尔型，默认为 True。

方法：

wc. generate (text)：从文本中生成词云图。

wc. fit_words (frequencies)：根据给定单词及频率生成词云图。frequencies：元组型数组，每个元组包含一个单词及其频率。

wc. generate_from_frequencies（frequencies，max_font_size＝None）：根据给定单词及频率生成词云图。frequencies：字典，包含字符串（单词）：浮点数（频率）的值对；max_font_size：最大字体大小。

wc. process_text（text）：将长文本分词，并移除 stopwords 集合中的单词，返回字典，dict（string，int）。

wc. recolor（random_state＝None，color_func＝None，colormap＝None）：重新上色。random_state：随机种子，整型或 None。

wc. to_array（）：以 numpy 矩阵的格式返回词云图。

to_file（filename）：以图片的格式返回词云图，filename：保存路径。

3. 实施步骤

中文和英文的词云生成方法有所不同，英文词与词之间有天然的分隔符，可以直接输入用于生成词云，但中文需要进行分词，然后使用空格连接符连接成字符串，输入到 wordcloud 函数中。除此之外，中文必须指定字体文件，这里使用的字体文件为 data/msyh. tff。

本案例使用的背景图主要有模板 1. jpg、模板 2. jpg、模板 3. png，如图 7-7 所示，均存放在当前目录下的 data 文件夹里。

图7-7 背景图（从左到右分别是模板 1. jpg、模板 2. jpg、模板 3. png）

英文文本为 data/alice. txt：

Project Gutenberg's Alice's Adventures in Wonderland，by Lewis Carroll

This eBook is for the use of anyone anywhere at no cost and with almost no restrictions whatsoever. You may copy it，give it away or reuse it under the terms of the Project Gutenberg License included with this eBook or online.

Title：Alice's Adventures in Wonderland.

Author：Lewis Carroll

Posting Date：June 25，2008［eBook #11］

Release Date：March，1994

[Last updated：December 20，2011]

Language：English

……

wordcloud 的基本使用方法：

```
from wordcloud import WordCloud
import matplotlib. pyplot as plt


f = open('data/alice. txt', 'r',encoding = 'utf - 8'). read()
wordcloud = WordCloud(background_color = " white", width = 500, height = 400, mar-
gin = 2). generate(f)
plt. imshow(wordcloud)
plt. axis("off")
plt. show()
wordcloud. to_file('result/1. png')
```

运行上述程序，输出结果如图 7-8 所示。

图 7-8　基本使用输出的词云

设置字体颜色：

```
from wordcloud import (WordCloud, get_single_color_func)
import matplotlib. pyplot as plt
```

```python
class SimpleGroupedColorFunc(object):
    #创建一个color函数对象来给某些词分配颜色以反映颜色到词的映射
    def __init__(self, color_to_words, default_color):
        self.word_to_color = {word: color
                              for (color, words) in color_to_words.items()
                              for word in words}
        self.default_color = default_color
    def __call__(self, word, **kwargs):
        return self.word_to_color.get(word, self.default_color)

class GroupedColorFunc(object):
    #创建一个颜色函数对象,根据颜色到单词的映射为特定单词指定颜色。
    def __init__(self, color_to_words, default_color):
        self.color_func_to_words = [
            (get_single_color_func(color), set(words))
            for (color, words) in color_to_words.items()]
        self.default_color_func = get_single_color_func(default_color)
    def get_color_func(self, word):
        """Returns a single_color_func associated with the word"""
        try:
            color_func = next(
                color_func for (color_func, words) in self.color_func_to_words
                if word in words)
        except StopIteration:
            color_func = self.default_color_func
        return color_func

    def __call__(self, word, **kwargs):
        return self.get_color_func(word)(word, **kwargs)
text = open('data/alice.txt').read()
wc = WordCloud(collocations=False).generate(text.lower())
color_to_words = {
    #这些单词是绿色
    '#00ff00': ['beautiful', 'explicit', 'simple', 'sparse',
                'readability', 'rules', 'practicality',
```

```
                          'explicitly', 'one', 'now', 'easy', 'obvious', 'better'],
    #这些单词是红色
    'red': ['ugly', 'implicit', 'complex', 'complicated', 'nested',
                      'dense', 'special', 'errors', 'silently', 'ambiguity',
                      'guess', 'hard']
}
#没有在 color_to_words 里面的是灰色
default_color = 'grey'
#创建一个单色调的颜色函数
grouped_color_func = SimpleGroupedColorFunc(color_to_words, default_color)
#创建一个多色调的颜色函数
#grouped_color_func = GroupedColorFunc(color_to_words, default_color)
#应用颜色函数
wc.recolor(color_func = grouped_color_func)
wc.to_file('result/2.png')
#画图
plt.figure()
plt.imshow(wc, interpolation = "bilinear")
plt.axis("off")
plt.show()
```

运行上述程序，输出结果如图 7-9 所示。

图 7-9　设置字体颜色后的词云

利用背景图片生成词云：

```
from os import path
from PIL import Image
```

```
import numpy as np
import matplotlib. pyplot as plt
from wordcloud import WordCloud, STOPWORDS
#读取文本
text = open('data/alice. txt'). read()
#读取背景图
alice_mask = np. array(Image. open("data/模板 1. jpg"))
stopwords = set(STOPWORDS)    #加载停用词
stopwords. add("said")    #自定义停用词


wc = WordCloud(background_color = "white", max_words = 2000, mask = alice_mask,
    stopwords = stopwords)
#生成词云
wc. generate(text)
#存储
wc. to_file("result/3. png")
#show
plt. imshow(wc, interpolation = 'bilinear')
plt. axis("off")
plt. figure()
```

运行上述程序，输出结果如图 7-10 所示。

图 7-10　有背景图的词云

利用词频生成词云:

```
import time
import multidict as multidict
import numpy as np
import re
from PIL import Image
from os import path
from wordcloud import WordCloud
import matplotlib. pyplot as plt


def getFrequencyDictForText(sentence):
    #统计词频
    fullTermsDict = multidict. MultiDict()
    tmpDict = {}
    #making dict for counting frequencies
    for text in sentence. split(" "):
        text = re. sub("[\s + \. \! \/_, $ % ^ * ( + \" \'] + | [ + ——!,。?、~ @ #
￥%……& * ( )] +", "" ,text)   #去符号
        stopwords = [sw. replace('\n', '') for sw in open('stopwords_en. txt',encoding
= 'utf - 8'). readlines()]
        if text in stopwords:   #去停用词
            continue
        #dict. get(key, default = None)返回指定键的值,如果指定键不存在,返回该
默认值
        val = tmpDict. get(text,0)
        tmpDict[text. lower()] = val + 1
    for key in tmpDict:
        fullTermsDict. add(key ,tmpDict[key])
    return fullTermsDict


def makeImage(text):
    #生成词云
    alice_mask = np. array(Image. open("data/模板 2. jpg"))
```

```
        wc = WordCloud ( background_color = " white" , max_words = 1000 , mask = alice_
mask ,    stopwords = stopwords )
    print ( type ( text ) )
    wc. generate_from_frequencies ( text )
    wc. to_file ( " result/4. png" )
    plt. imshow ( wc , interpolation = " bilinear" )
    plt. axis ( " off" )
    plt. show ( )

text = open ( 'data/alice. txt', encoding = 'utf - 8')
text = text. read ( ). strip ( )
makeImage ( getFrequencyDictForText ( text ) )
```

运行上述程序，输出结果如图 7-11 所示。

图 7-11　利用词频生成的词云

画灰度图：

```
import numpy as np
from PIL import Image
from os import path
import matplotlib. pyplot as plt
import random
from wordcloud import WordCloud, STOPWORDS

def grey_color_func(word, font_size, position, orientation, random_state = None,
                    **kwargs):
    return "hsl(0, 0%%, %d%%)" % random. randint(60, 100)


mask = np. array(Image. open("data/模板3. png"))
text = open('data/alice. txt'). read()
#对文本进行一些预处理
text = text. replace("HAN", "Han")
text = text. replace("LUKE'S", "Luke")
#添加电影脚本特定的 stopwords
stopwords = set(STOPWORDS)
stopwords. add("int")
stopwords. add("ext")


wc = WordCloud(background_color = "white", max_words = 1000, mask = mask, stop-
words = stopwords, margin = 10,
                random_state = 1). generate(text)
default_colors = wc. to_array()
wc. to_file("result/5. png")


plt. title("Custom colors")
plt. imshow(wc. recolor(color_func = grey_color_func, random_state = 3),
            interpolation = "bilinear")
wc. to_file("result/6. png")
#画图
plt. axis("off")
```

```
plt. figure( )
plt. title("Default colors")
plt. imshow( default_colors, interpolation = "bilinear")
plt. axis("off")
plt. show( )
```

运行上述程序，输出结果如图 7-12 所示。

图 7-12　左正常词云，右灰度词云

利用背景图生成中文词云：

```
from os import path
from PIL import Image
import numpy as np
import matplotlib. pyplot as plt    #绘制图片
from wordcloud import WordCloud, ImageColorGenerator
import jieba    #jieba 分词


text = open('data/中文文本. txt','r',encoding = 'utf - 8'). read( )    #读取文本
text_cut = jieba. lcut( text)    #分词
new_textlist = ' '. join( text_cut)    #组合
pic = np. array( Image. open( 'data/模板 2. jpg'))    #读取图片
wc = WordCloud( background_color = 'white',    #构造 wordcloud 类
```

```
mask = pic ,
max_font_size = 40 ,
random_state = 30 ,
font_path = " data/msyh. ttf" ,
max_words = 200 ,
min_font_size = 2 )
wc. generate( new_textlist)      #生成词云图
plt. figure( )      #画图
plt. imshow( wc)
plt. axis( " off" )
plt. show( )
wc. to_file( " result/7. png" )      #保存图片
```

运行上述程序，自行查看结果。

这里如果不输入字体文件，输出结果就会如图 7-13 所示。

图 7-13　未设置字体文件输出的中文词云

根据词频生成中文词云：

```
import jieba
from wordcloud import WordCloud
import matplotlib. pyplot as plt


#统计词频
txt = open('data/中文文本 . txt','r',encoding = 'utf - 8'). read( )
words = jieba. lcut(txt)
stopwords = [ sw. replace('\n', '') for sw in open('stopwords_cn. txt',encoding = 'utf - 8')
. readlines( )]
dic = { }
keys = set(words)
for i in list(keys):
    if i in stopwords or i = = '\n' or len(i) <2:
        keys. remove(i)
for i in keys:
    dic[i] = words. count(i)
df = list(dic. items( ))
df. sort(key = lambda x:x[1],reverse = True)
print("20 个出现次数最多的词语:")
for i in range(20):
    print(df[i])


wc =    WordCloud(background_color = 'white',      #构造 wordcloud 类
random_state = 30,
font_path = "data/msyh. ttf",
max_words = 200)
words = wc. generate_from_frequencies(dic)

plt. imshow(words)
plt. axis('off')
plt. show( )
wc. to_file("result/8. png")      #保存图片
```

单元小结

本单元主要介绍了关键词提取和自动文摘的相关算法和实现方法，其中主要涉及的算法有 TF – IDF 算法、PageRank 算法、TextRank 算法、LSA、LDA 算法，最后介绍了词云的实现方法，词云主要使用到了 wordcloud 库，同时也可以使用关键词提取方法实现。

学习评估

课程名称：关键词提取			
学习任务：关键词提取、自动文摘			
课程性质：理实一体课程		综合得分：	

知识掌握情况评分（45 分）

序号	知识考核点	配分	得分
1	TF – IDF 算法、PageRank 算法、TextRank 算法、LSA 和 LDA 算法的原理	30	
2	PageRank 算法进行网页重要性排序的方法	15	

工作任务完成情况评分（55 分）

序号	能力操作考核点	配分	得分
1	关键词提取	25	
2	自动文摘	30	

课后习题

自行查找一个背景图和喜欢的文章，转化为词云。

Unit 8

文本分类

单元概述

　　现实世界中人们获取的大部分信息以文本的形式存在，例如电子邮件、书籍、报刊、网页等。随着互联网的高速发展，海量文本数据不断产生，这些数据中蕴含大量有用的信息。因此，针对这些文本信息的文本挖掘（Text Mining）技术受到人们的广泛关注。文本挖掘是指从这些非结构或半结构化的文本数据中获取高质量的结构化信息的过程。换言之，文本挖掘的目的是从未经处理的文本数据中获取有用知识或信息。典型的文本挖掘任务包括文本分类、文本聚类、概念/实体抽取、情感分析、文档摘要等。

　　文本分类是文本挖掘的核心任务，一直以来倍受学术界和工业界的关注。文本分类（Text Classification）任务是根据给定文档的内容或主题，自动分配预先定义的类别标签。文本分类技术在智能信息处理服务中有着广泛的应用。例如，大部分在线新闻门户网站（如新浪、搜狐、腾讯等）每天都会产生大量新闻文章，如果对这些新闻进行人工整理非常耗时耗力，而自动对这些新闻进行分类，将为后续的个性化推荐等都提供帮助。互联网还有大量网页、论文、专利和电子图书等文本数据，对其中文本内容进行分类，是实现对这些内容快速浏览与检索的重要基础。此外，许多自然语言分析任务也都可以看作文本分类技术的具体应用，例如观点挖掘、垃圾邮件检测等。

学习目标

知识目标
- 掌握文本分类的两种方法及其特点；
- 了解文本分类中常用的特征评分函数；
- 掌握基于传统机器学习文本分类的基本步骤；
- 掌握贝叶斯分类器的训练和测试方法。

技能目标
- 能够使用贝叶斯分类器或 SVM 进行分类；
- 能够实现文本分类。

8.1 文本分类方法

目前的文本分类方法主要有两种，分别是基于传统机器学习的方法和基于深度学习的方法。

1. 基于传统机器学习的方法

基于传统机器学习方法的分类方法将文本分类问题分为了特征工程和分类器两部分，其流程图如图8-1所示。

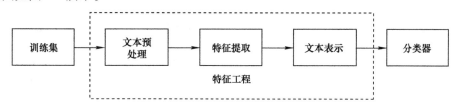

图8-1 基于传统机器学习文本分类方法的流程图

（1）特征工程

特征工程指的是把原始数据转变为模型训练数据的过程，它的目的就是获取更好的训练数据特征，使机器学习模型的性能得到提升。在机器学习中占有非常重要的作用，一般包括特征构建、特征提取、特征选择三个部分。

在文本分类任务中，特征工程指将文本表示为计算机可以识别的、能够代表该文档特征的特征矩阵的过程，通常包括文本预处理、特征提取和文本表示。这里主要介绍一下特征提取部分。

特征提取又包括特征选择和特征权重计算。特征选择旨在从已有候选特征中选取最有代表性和最具区分能力的特征，降低特征空间维度，提高分类的效果与效率。特征选择需要构造面向特征的评分函数，对候选特征进行评估，然后保留评分值最高的特征。下面是文本分类中常用的特征评分函数：

1）文档频率（Document Frequency，DF）：指在整个文本集合中，出现某个特征的文档的频率。其基本思想是，DF值低于某个阈值的低频特征通常为噪声特征或者信息量较小不具有代表性。因此，一般根据经验确定某个阈值，将低频特征移除，从而有效地降低特征维度，提高分类效果。作为一种简单高效的特征选择方案，DF值广泛应用于大规模语料的特征降维。

如果给定事先标注了类别标签的文本集合，也可以用以下方法计算不同特征的类别区分度。

2）信息增益（Information Gain）：计算新增某个特征后信息熵的变化情况，用以衡量特征的信息量。在计算出每个特征的信息增益后，就可以移除那些信息量较低的特征。

3）互信息（Mutual Information）：根据特征与类别的关联程度来计算特征与类别的相关度。如果词与类别没有关联关系，那么两者同时发生的概率 P（t，c）接近两者独立发生概率的乘积 P（t）×P（c），此时互信息值趋近 0；若两者有关联关系，那么两者的联合概率会远大于独立概率的乘积，此时互信息远大于 0。因此，特征的互信息值越高，说明该特征与某个类别的关联程度越紧密，用来进行分类的区分效果就更好。

4）卡方统计：另一种计算特征与类别关联关系的方法。它定义了一系列词 t 与类别 c 之间共现或不同现的统计量（A、B、C、D），具体见表 8-1。

表 8-1　统计量

	属于类别 c	不属于类别 c	总计
包含词 t	A	B	A + B
不包含词 t	C	D	C + D
总计	A + C	B + D	N

词 t 在类别 c 下的卡方值计算公式如下：

$$\chi^2(t,c) = \frac{N \times (AD - CB)^2}{(A + C) \times (B + D) \times (A + B) \times (C + D)}$$

卡方值越大，该词与某个类别的关联程度越紧密，区分效果越好。定量研究表明，与 DF 相比，基于标注数据集合选取的特征更具区分性，对文本分类效果提升显著，其中卡方统计的表现最佳。

特征权重计算主要是经典的 TF – IDF 方法及其扩展方法。TF – IDF 的主要思想是一个词的重要度与在类别内的词频成正比，与所有类别出现的次数成反比。

（2）分类器

将文本表示为模型可以处理的向量数据后，就可以使用机器学习模型来进行处理。大部分机器学习方法都在文本分类领域有所应用，比如贝叶斯分类器（Naïve Bayes）、线性分类器（逻辑回归）、支持向量机（Support Vector Machine，SVM）、最大熵分类器、KNN 等。

基于传统机器学习的文本分类方法的缺点在于文本表示得到的向量往往是高维且稀疏的，不利于计算机进行计算，特征表示能力弱。除此之外，还需要人工进行特征工程，成本较高。

2. 基于深度学习的方法

基于深度学习方法的文本分类通常首先使用词向量进行文本表示，然后利用 CNN/RNN 等网络结构自动获取特征表达能力并进行分类。常用的文本分类网络模型有 FastText、TextCNN、TextRNN、TextRCNN、DPCNN、BERT、VDCNN 等。

8.2 能力提升训练——基于传统机器学习的新闻文本分类

1. 训练目标

1）掌握基于传统机器学习新闻文本分类的基本步骤。

2）掌握贝叶斯分类器的训练和测试方法。

2. 案例分析

本案例将使用贝叶斯分类器进行文本分类，这里使用的数据集为新闻数据集，共9类，每类10个文本，如图8-2所示。其中，C000008表示财经，C000010表示IT，C000013表示健康，C000014表示体育，C000016表示旅游，C000020表示教育，C000022表示招聘，C000023表示文化，C000024表示军事。

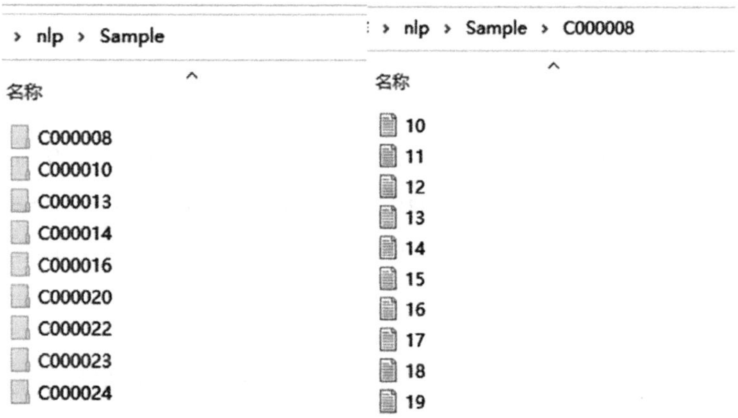

图8-2 数据集组成

Scikit-Learn库基本上已经实现了所有基本机器学习的算法，因此这里使用Scikit-Learn来实现用贝叶斯分类器和SVM分类器进行文本分类。

在Scikit-Learn中一共有3个朴素贝叶斯的分类算法类，分别是GaussianNB、MultinomialNB和BernoulliNB，它们的先验概率分别为高斯分布、多项式分布和伯努利分布。本案例使用MultinomialNB进行训练。语法如下：

```
class sklearn. naive_bayes. MultinominalNB( alpha = 1. 0, fit_prior = True, class_prior = None)
```

参数：

alpha：一个浮点数，平滑值。

fit_prior：布尔值。如果为 True，则不去学习类别先验概率，以均匀分布替代；如果为 False，则去学习。

class_prior：一个数组。它指定了每个分类的先验概率，如果指定了该参数，则每个分类的先验概率不再从数据集中自动学习。

方法：

fit（X，y [，sample_weight]）：训练模型。

partial_fit（X，y [，classes，sample_weight]）：追加训练模型。该方法主要用于大规模数据集的训练。此时可以将大数据集划分成若干个小数据集，然后在这些小数据集上连续调用 partial_fit 方法来训练模型。

predict（X）：用模型进行预测，返回预测值。

predict_log_proba（X）：返回一个数组，数组的元素依次是将 X 预测为各个类别的概率的对数值。

predict_proba（X）：返回一个数组，数组的元素依次是将 X 预测为各个类别的概率值。

score（X，y [，sample_weight]）：返回在（X，y）上预测的准确率。

SVM 分类器：

```
sklearn. svm. SVC(C = 1. 0,kernel = 'rbf', degree = 3, gamma = 'auto', coef0 = 0. 0, shrink-
ing = True, probability = False, tol = 0. 001, cache_size = 200, class_weight = None, ver-
bose = False, max_iter = -1, decision_function_shape = None, random_state = None)
```

主要参数：

C：错误项的惩罚系数，float 参数默认值为 1.0。C 越大，对分错样本的惩罚程度越大，因此在训练样本中准确率越高，但是泛化能力降低，也就是对测试数据的分类准确率降低。相反，减小 C 的话，容许训练样本中有一些误分类错误样本，泛化能力强。对于训练样本带有噪声的情况，一般采用后者，把训练样本集中错误分类的样本作为噪声。

kernel：算法中采用的核函数类型。str 型参数，默认为'rbf'，可选参数有：'Linear'（线性核函数）、'poly'（多项式核函数）、'rbf'（径向核函数/高斯核）、'sigmod'（sigmod 核函数）和'precomputed'（核矩阵）。

degree：指多项式核函数的阶数 n。int 型参数（default = 3），这个参数只对多项式核函数（poly）有用，如果给的核函数参数是其他核函数，则会自动忽略该参数。

gamma：float 型参数，默认为 auto 核函数系数，只对'rbf'、'poly' 、'sigmoid'有效。如果 gamma 为'auto'，代表其值为样本特征数的倒数，即 1/n_features。

coef 0：核函数中的独立项，只有对'poly'和'sigmod'核函数有用，指其中的参数 c，float 型参数，默认为 0.0。

probability：是否启用概率估计。bool 型参数，默认为 False。必须在调用 fit () 之前启用，会使得 fit () 方法速度变慢。

shrinking：是否采用启发式收缩方式。bool 型参数，默认为 True。

tol：svm 停止训练的误差精度。float 型参数，默认为 0.001。

cache_size：指定训练所需要的内存，以 MB 为单位。float 型参数，默认为 200MB。

class_weight：字典类型或者'balance'字符串，默认为 None。给每个类别分别设置不同的惩罚参数 C，则该类别的惩罚系数为 class_weight [i] × C，如果没有给，则所有类别都会给 C = 1，即前面参数指出的参数 C。如果给定参数'balance'，则使用 y 的值自动调整与输入数据中的类频率成反比的权重。

verbose：是否启用详细输出，bool 型参数，默认为 False。

max_iter：最大迭代次数，int 型参数，默认为 -1，表示不限制。

random_state：伪随机数发生器的种子，在混洗数据时用于概率估计，int 型参数，默认为 None。

SVC 方法：

fit ()：用于训练 SVM，具体参数已经在定义 SVC 对象的时候给出了，这时候只需要给出数据集 X 和 X 对应的标签 y 即可。

predict ()：基于以上的训练，对预测样本 T 进行类别预测，因此只需要接收一个测试集 T，该函数返回一个数组表示各测试样本的类别。

predict_proba ()：返回每个输入类别的概率，与 predict 方法不同，predict 方法只返回输入样本所属的类别，不返回概率。使用此方法需要在初始化时将 probability 参数设置为 True。

3. 实施步骤

本案例使用卡方检验来进行特征提取，不进行特征权重计算，具体程序如下：
导入模块：

```
import os
import random
import math
import jieba
from sklearn import model_selection
from sklearn. naive_bayes import MultinomialNB
from sklearn. svm import
from sklearn. metrics import classification_report
```

数据预处理：分词，将数据集划分为训练集和验证集。

```
def TextProcessing(folder_path, stopwords_path, test_size = 0. 2):
    stopwords = set()
    with open(stopwords_path, 'r', encoding = 'utf - 8') as fp:
        for line in fp. readlines():
            word = line. strip()
            stopwords. add (word)

    folder_ list = os. listdir (folder_ path)
    data_ list = [ ]
    label_ list = [ ]

    #对文件夹里的文档分词
    for folder in folder_ list:
        new_ folder_ path = os. path. join (folder_ path, folder)
        files = os. listdir (new_ folder_ path)
        for file in files:
            word_ list = [ ]
            with open (os. path. join (new_ folder_ path, file), 'r', encoding
= 'utf - 8') as fp:
                raw = fp. read () . strip ()
                raw = raw. replace ('\ n', '') . replace ('\ r', '')
                words_ list = jieba. lcut (raw, cut_ all = False)    #精确模式
                for word in words_ list:
                    if word not in stopwords and len (word) > 1:
                        word_ list. append (word)
            data_ list. append (word_ list)
    #data_ list 存储所有文档的精确分词的词语
            label_ list. append (folder)    #label_ list 存储文档的标签

    #划分训练集和测试集
    train_ data, test_ data, train_ label, test_ label = model_ selection. train_
test_ split (data_ list, label_ list, test_ size = test_ size)
```

```
        print('训练集样本数量为% d,测试集样本数量为% d'% ( len( train_data) , len
( test_label) ) )
        return train_data, test_data, train_label, test_label
```

使用卡方检验进行特征选择:

```
#统计样本词的信息
    def Statistics( train_data, train_label) :
        classword_dic = dict( )
        classwordlist_dic = dict( )
        for label in set( train_label) :
            classwordset = set( )
            classwordlist = [ ]
            for i in range( len( train_data) ) :
                if train_label[ i ] = = label:
                    for word in train_data[ i ] :
                        classwordset. add( word)
                        classwordlist. append( train_data[ i ] )
            classword_dic[ label] = classwordset    #一类的所有词
            classwordlist_dic[ label] = classwordlist    #一类中每个文件的词
        return classword_dic , classwordlist_dic


    #卡方计算公式
    def ChiCalc( a, b, c, d) :
        result = float( pow( ( a * d - b * c) , 2) ) /float( ( a + c) * ( a + b) * ( b + d)
* ( c + d) )
        return result

    def featureSelection( classword_dic, classwordlist_dic, K) :
        '''
        k:每类取多少个特征,这里选取一类k,共 k *9 个特征
        '''
        termCountDic = dict( )
        for key in classword_dic:
```

```
            classWordSets = classword_dic[key]
            chi_dic = dict()
            for eachword in classWordSets：
#对某个类别下的每一个单词的 a b c d 进行计算
                a = 0
                b = 0
                c = 0
                d = 0
                for eachclass in classwordlist_dic：
                    if eachclass = = key：#在这个类别下进行处理
                        for eachdocset in classwordlist_dic[eachclass]：
                            if eachword in eachdocset：
                                a = a + 1
                            else：
                                c = c + 1
                    else：#不在这个类别下进行处理
                        for eachdocset in classwordlist_dic[eachclass]：
                            if eachword in eachdocset：
                                b = b + 1
                            else：
                                d = d + 1
                chi = ChiCalc(a, b, c, d)
                chi_dic[eachword] = chi
            #对生成的计数进行排序并选择前 K 个
            #这个排序后返回的是元组的列表
            sortedchi = sorted(chi_dic. items(), key = lambda d:d[1], reverse = True)
            count = 0
            subDic = dict()
            for i in range(K)：
                subDic[sortedchi[i][0]] = sortedchi[i][1]
            termCountDic[key] = subDic
    return termCountDic
```

根据选择的特征词将文本向量化，包含特征词则使用1表示，否则表示为0：

```
def TextFeatures(train_data, test_data, feature_words):
    def text_features(text, feature_words):
        text_words = set(text)
        features = [1 if word in text_words else 0 for word in feature_words]
        return features
    train_list = [text_features(text, feature_words) for text in train_data]
    test_list = [text_features(text, feature_words) for text in test_data]

    return train_list, test_list
```

分类器：

先验为多项式分布的朴素贝叶斯分类器：

```
def BysClassifier(train_list, test_list, train_label, test_label):
    ##贝叶斯分类器
    classifier = MultinomialNB(alpha = 0.01).fit(train_list, train_label)
    test_accuracy = classifier.score(test_list, test_label)
    y_pred = classifier.predict(test_list)
    print("贝叶斯的测试准确率为:", test_accuracy)
    print(classification_report(test_label, y_pred))
```

SVM 分类器：

```
def SvmClassifier(train_list, test_list, train_label, test_label):
    svclf = SVC(kernel = 'linear')
    classifier = svclf.fit(train_list, train_label)
    test_accuracy = classifier.score(test_list, test_label)
    y_pred = classifier.predict(test_list);
    print("SVM 的测试准确率:", test_accuracy)
    print(classification_report(test_label, y_pred))
```

主函数：

```
if __name__ == '__main__':
    folder_path = './Sample'
    stopwords_path = './stopwords.txt'
```

```
#划分数据集
train_data, test_data, train_label, test_label = TextProcessing(folder_path, stop-
words_path, test_size = 0.2)


#为卡方检验做准备,统计词信息
classword_dic, classwordlist_dic = Statistics(train_data, train_label)

#使用卡方检验进行特征选择
features = featureSelection(classword_dic, classwordlist_dic, 100)
#print(features)
featureset = set()    #特征去重
for key in features:
    for eachkey in features[key]:
        featureset.add(eachkey)
feature_words = list(featureset)
#print(feature_words)


#文本表示
train_list, test_list = TextFeatures(train_data, test_data, feature_words)


#分类器
BysClassifier(train_list, test_list, train_label, test_label)
SvmClassifier(train_list, test_list, train_label, test_label)
```

运行上述程序,输出结果如下:

训练集样本数量为72,测试集样本数量为18
贝叶斯的测试准确率为: 0.7222222222222222

	precision	recall	f1 − score	support
C000008	0.50	0.50	0.50	2
C000010	1.00	0.40	0.57	5
C000013	0.33	1.00	0.50	1
C000014	1.00	1.00	1.00	1
C000016	1.00	1.00	1.00	1

	precision	recall	f1 – score	support
C000020	1.00	0.50	0.67	2
C000022	0.75	1.00	0.86	3
C000023	1.00	1.00	1.00	3
C000024	0.00	0.00	0.00	0
accuracy			0.72	18
macro avg	0.73	0.71	0.68	18
weighted avg	0.87	0.72	0.74	18

SVM 的测试准确率: 0.6666666666666666

	precision	recall	f1 – score	support
C000008	1.00	0.50	0.67	2
C000010	1.00	0.60	0.75	5
C000013	0.20	1.00	0.33	1
C000014	1.00	1.00	1.00	1
C000016	1.00	1.00	1.00	1
C000020	1.00	0.50	0.67	2
C000022	0.60	1.00	0.75	3
C000023	1.00	0.33	0.50	3
accuracy			0.67	18
macro avg	0.85	0.74	0.71	18
weighted avg	0.89	0.67	0.69	18

上面特征选取使用的是卡方检验，对程序进行部分修改，可以使用词频来进行特征提取。定义两个函数用于统计词频，并选取词频较高的词作为特征。

```
def tf(train_data):
    #统计词频放入 all_words_dict
    all_words_dict = {}
    for word_list in train_data:
        for word in word_list:
            if word in all_words_dict:
```

```
                    all_words_dict[word] + = 1
            else:
                    all_words_dict[word] = 1
    #key 函数利用词频进行降序排序
    all_words_tuple_list = sorted(all_words_dict.items(), key = lambda f:f[1], reverse
= True)
    #内建函数 sorted 参数须为 list
    all_words_list = list(list(zip( * all_words_tuple_list))[0])
    return all_words_list


def words_dict(all_words_list, feature_num):
    #选取特征词
    feature_words = []
    n = 1
    for t in range(len(all_words_list)):
        #每次选取 feature_num 个词
        if n > feature_num:
            break

        #每次选出不全是数字、长度大于 1 小于 5 的词,作为特征
        if not all_words_list[t].isdigit() and 1 < len(all_words_list[t]) < 5:
            feature_words.append(all_words_list[t])
            n + = 1
    return feature_words
```

8.3　能力提升训练——垃圾邮件分类

1. 训练目标

掌握垃圾邮件分类的方法。

2. 案例分析

垃圾邮件分类属于文本分类的一种，这里使用逻辑回归和 SVM 进行垃圾邮件的分类。训练数据存储在 data 文件夹下的 ham_data. txt 和 spam_data. txt，其中 ham_data. txt 是正常邮件，spam_data. txt 是垃圾邮件，共 10 000 个样本，其中 7000 个作为训练集，3000 个作为验证集。

3. 实施步骤

导入模块：

```
import numpy as np
from sklearn. model_selection import train_test_split
import re
import jieba
import gensim
from sklearn. feature_extraction. text import CountVectorizer, TfidfTransformer, TfidfVectorizer
from sklearn. linear_model import SGDClassifier
from sklearn. linear_model import LogisticRegression
from sklearn import metrics
```

读取数据、划分数据集：

```
def get_data():
    #获取数据,ham_data 正常邮件,标签为1,spam_data 垃圾邮件,标签为0
    with open("data/ham_data. txt", encoding = "utf8") as ham_f, open("data/spam_
data. txt", encoding = "utf8") as spam_f:
        ham_data = ham_f. readlines()
        spam_data = spam_f. readlines()

        ham_label = np. ones(len(ham_data)). tolist()
        spam_label = np. zeros(len(spam_data)). tolist()

        corpus = ham_data + spam_data
        labels = ham_label + spam_label

    return corpus, labels
```

```
def remove_empty_docs(corpus, labels):
    #去除内容为空的邮件
    filtered_corpus = []
    filtered_labels = []
    for doc, label in zip(corpus, labels):
        if doc.strip():
            filtered_corpus.append(doc)
            filtered_labels.append(label)

    return filtered_corpus, filtered_labels


def prepare_datasets(corpus, labels, test_data_proportion = 0.3):
    #划分数据集
    train_X, test_X, train_Y, test_Y = train_test_split(corpus, labels, test_size = test_
data_proportion, random_state = 42)
    return train_X, test_X, train_Y, test_Y
```

样本标准化:

```
def normalize_corpus(corpus):
    #数据预处理:去停用词
    normalized_corpus = []
    stopwords = [sw.replace('\n', '') for sw in open('stopwords.txt', encoding = 'utf - 8')
.readlines()]

    for text in corpus:
        filtered_tokens = []
        tokens = jieba.lcut(text.replace('\n',''))

        for token in tokens:
            token = token.strip()
            if token not in stopwords and len(token) > 1:
                filtered_tokens.append(token)

        text = ''.join(filtered_tokens)
        normalized_corpus.append(text)
    return normalized_corpus
```

特征提取:

```
def bow_extractor(corpus, ngram_range = (1, 1)):
    #CountVectorizer 将文本中的词语转换为词频矩阵,min_df 为最少出现的次数,
ngram_range = (1, 1)为词组切分的长度范围。
    vectorizer = CountVectorizer(min_df = 1, ngram_range = ngram_range)
    features = vectorizer.fit_transform(corpus)
    return vectorizer, features

def tfidf_extractor(corpus, ngram_range = (1, 1)):
    vectorizer = TfidfVectorizer(min_df = 1,
                                 norm = 'l2',
                                 smooth_idf = True,
                                 use_idf = True,
                                 ngram_range = ngram_range)
    features = vectorizer.fit_transform(corpus)
    return vectorizer, features
```

训练和测试:

```
def get_metrics(true_labels, predicted_labels):
    acc = metrics.accuracy_score(true_labels, predicted_labels)
    precision = metrics.precision_score(true_labels, predicted_labels, average = 'weigh-
ted')
    recall = metrics.recall_score(true_labels, predicted_labels, average = 'weighted')
    f1_score = metrics.f1_score(true_labels, predicted_labels, average = 'weighted')
    print('准确率:%.4f' % acc)
    print('精度:%.4f' % precision)
    print('召回率:%.4f' % recall)
    print('F1 得分:%.4f' % f1_score)


def train_predict(classifier, train_features, train_labels, test_features, test_labels):
    #训练和测试
    classifier.fit(train_features, train_labels)
    predictions = classifier.predict(test_features)
    get_metrics(true_labels = test_labels, predicted_labels = predictions)
    return predictions
```

主函数:

```
if __name__ = = " __main__":
    corpus, labels = get_data()    #获取数据集
    print("总的数据量:", len(labels))
    corpus, labels = remove_empty_docs(corpus, labels)
    label_name_map = ["垃圾邮件", "正常邮件"]
    #对数据进行划分
    train_corpus, test_corpus, train_labels, test_labels = prepare_datasets(corpus, la-
bels, test_data_proportion = 0.3)
    print('训练集样本数量:% d,测试样本数量:% d'% (len(train_corpus), len(test_
corpus)))
    #样本标准化
    norm_train_corpus = normalize_corpus(train_corpus)
    norm_test_corpus = normalize_corpus(test_corpus)
    #词袋模型特征
    bow_vectorizer, bow_train_features = bow_extractor(norm_train_corpus)
    bow_test_features = bow_vectorizer. transform(norm_test_corpus)
    #tfidf 特征
    tfidf_vectorizer, tfidf_train_features = tfidf_extractor(norm_train_corpus)
    tfidf_test_features = tfidf_vectorizer. transform(norm_test_corpus)
    #分词
    tokenized_train = [jieba. lcut(text) for text in norm_train_corpus]
    tokenized_test = [jieba. lcut(text) for text in norm_test_corpus]
    #word2vec 模型
    model = gensim. models. Word2Vec(tokenized_train, size = 500, window = 100, min_
count = 30, sample = 1e - 3)

    #分类器
    svm = SGDClassifier(loss = 'hinge')
    lr = LogisticRegression()
    #基于词袋模型特征的逻辑回归
    print("基于词袋模型特征的逻辑回归")
    lr_bow_predictions = train_predict(classifier = lr,
                                        train_features = bow_train_features,
```

```
                                         train_labels = train_labels,
                                         test_features = bow_test_features,
                                         test_labels = test_labels)


#基于词袋模型的支持向量机方法
print("基于词袋模型的支持向量机")
svm_bow_predictions = train_predict(classifier = svm,
                                         train_features = bow_train_features,
                                         train_labels = train_labels,
                                         test_features = bow_test_features,
                                         test_labels = test_labels)


#基于 tfidf 的逻辑回归模型
print("基于 tfidf 的逻辑回归模型")
lr_tfidf_predictions = train_predict(classifier = lr,
                                         train_features = tfidf_train_features,
                                         train_labels = train_labels,
                                         test_features = tfidf_test_features,
                                         test_labels = test_labels)


#基于 tfidf 的支持向量机模型
print("基于 tfidf 的支持向量机模型")
svm_tfidf_predictions = train_predict(classifier = svm,
                                         train_features = tfidf_train_features,
                                         train_labels = train_labels,
                                         test_features = tfidf_test_features,
                                         test_labels = test_labels)
```

运行上述程序,输出结果如下:

```
Building prefix dict from the default dictionary ...
    Loading model from cache C:\Users\PC\AppData\Local\Temp\jieba.cache
    总的数据量: 10001
    训练集样本数量:7000,测试样本数量:3001
```

```
Loading model cost 0.499 seconds.
Prefix dict has been built successfully.
基于词袋模型特征的逻辑回归
准确率:0.9187
精度:0.9298
召回率:0.9187
F1 得分:0.9180
基于词袋模型的支持向量机
准确率:0.9447
精度:0.9501
召回率:0.9447
F1 得分:0.9444
基于 tfidf 的逻辑回归模型
准确率:0.9110
精度:0.9242
召回率:0.9110
F1 得分:0.9101
基于 tfidf 的支持向量机模型
准确率:0.9470
精度:0.9520
召回率:0.9470
F1 得分:0.9468
```

单元小结

　　本单元主要介绍了文本分类的两种方法,其中还在基于传统机器学习的方法中介绍了文本分类中常用的特征评分函数,用两种方法对新闻文本进行了分类,最后介绍了垃圾邮件分类的实现方法,也属于文本分类,因此和文本分类的流程步骤基本相同。

学习评估

课程名称：文本分类			
学习任务：基于传统机器学习方法的新闻文本分类、垃圾邮件分类			
课程性质：理实一体课程		综合得分：	

知识掌握情况评分（45 分）

序号	知识考核点	配分	得分
1	文本分类的两种方法及其特点	10	
2	文本分类中常用的特征评分函数	10	
3	传统机器学习文本分类的基本步骤	15	
4	贝叶斯分类器的训练和测试方法	10	

工作任务完成情况评分（55 分）

序号	能力操作考核点	配分	得分
1	使用贝叶斯分类器或 SVM 进行分类	20	
2	使用任意一种文本分类方法实现文本分类	35	

课后习题

文本分类方法有哪些？编写 Python 代码实现垃圾邮件分类。

Unit 9

単元9
文本情感分析

单元概述

情感分析（Sentiment Analysis）也称为意见挖掘、倾向性分析，是指利用计算机实现对给定的文本数据的观点、情感、态度、情绪等的分析挖掘。

随着我国综合国力的不断提高，包括互联网、物联网等第三产业成为经济发展的最新引擎。在这些应用领域中，情感分析是推动其发展进步的重要力量之一，尤其是在舆情管理、商业决策、大数据分析等任务中具有举足轻重的作用。例如，在互联网舆情分析领域，利用情感分析技术可以获知广大网民对于特定事件的意见与观点，及时了解民众的舆论趋势，正确采取引导行动，实现有效有序的社会管理。在反恐领域，通过对社交媒体上极端情感的分析，可以发现潜在的恐怖分子。在商业决策领域，通过对海量用户评论的情感分析与观点挖掘，能够获取可靠的用户反馈信息，了解产品的优缺点，同时深刻理解用户的真实需求，实现精准营销。此外，情感分析还被成功应用于股市预测、票房预测、选举结果预测等场景中。这些充分体现了情感分析在各行各业的巨大作用。

当然，现在的情感分析技术还不完善，仍然面临很多困难和问题。本单元对情感分析研究的主要内容、当前采用的主要技术进行简要介绍。

学习目标

知识目标
· 掌握三种情感分析方法的原理和特点。
技能目标
· 能够使用三种方法实现文本情感分析。

9.1 情感分析方法

情感分析的研究主要集中在两个方面：给定的文本是主观还是客观的，以及识别主观性文本的极性。这里主要研究主观性文本的极性。目前的情感分析方法主要可归纳为三类：基于词典的方法、基于传统机器学习的方法和基于深度学习的方法。

1. 基于词典的情感分析方法

基于词典的情感分析方法是一种较为早期和简单的方法，指根据已构建的情感词典进行文本处理并抽取情感词，计算该文本的情感倾向。最终分类效果取决于情感词典的完善性。

情感词典主要包括四类：通用情感词、程度副词、否定词、领域词。情感词典的构建一般从一个通用的词典或种子词集合开始。最常见的是采用自举的方法，从少数已知极性的情感词汇出发，利用同义词、反义词或其他更复杂的句法规则，结合某些统计量，扩展新的情感词到情感字典中，并进行多次迭代以保证覆盖率，最后结合手工校验形成可用的情感词汇。

在得到情感词典后，需要构建倾向性计算算法。给情感强度不同的情感词不同的权重，结合否定、转折、递进等句法规则，对文本的情感极性进行判别。基于词典的情感分析流程图如图9-1所示。

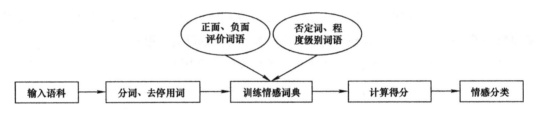

图 9-1　基于词典的情感分析流程图

基于词典的情感分析方法的最大特点就是简单，在情感资源丰富的一些特定领域上表现得也很好。但往往也需要比较多的资源，词性、句法、语法规则等需要耗费大量的劳动力从数据中总结和挖掘规则，其中不可避免需要介入手工检查的工作，属于劳动密集型的方法。

2. 基于机器学习的情感分析方法

情感分析本质上是分类问题，可以使用文本分类的方法进行处理。同样可以分为两个阶段：特征工程和分类器。

基于机器学习方法的特征工程依赖人工设计，受人为因素影响，推广能力差。除此之外，该方法多使用经典分类模型如支持向量机、朴素贝叶斯、最大熵模型等，其中多数分类模型的性能依赖于标注数据集的质量，而获取高质量的标注数据需要耗费大量的人工成本。

3. 基于深度学习的情感分析方法

神经网络模型的复兴使得深度学习在语音、图像、文本处理中获得了广泛的应用。将深度学习应用在情感分析中时，一般采用将词向量与 RNN 结合的方法。

9.2 能力提升训练——基于词典的情感分析

1. 训练目标

掌握基于词典的情感分析的基本步骤。

2. 案例分析

数据来源于一个较大规模的酒店评论语料。这个语料库语料规模为 10 000 条，本案例选用了其中的 6 000 条评论，其中正负评论各 3000 条。

情感词典主要包括四类：通用情感词、程度副词、否定词、领域词。这里将中国知网发布的"情感分析用词语集（beta 版）"和网上找到的各种情感词典进行整合作为最终的情感词典，包括正面评价词语、负面评价词语、程度级别词语、否定词、酒店情感词典。其中，程度级别词语分为 6 个等级，分别为"极其/最""超""很""较""稍"和"欠"，其权重分别设置为 4、3、3、2、0.75 和 0.5，可进行调整。

3. 实施步骤

基于词典的情感分析方法的程序流程图如图 9-2 所示。

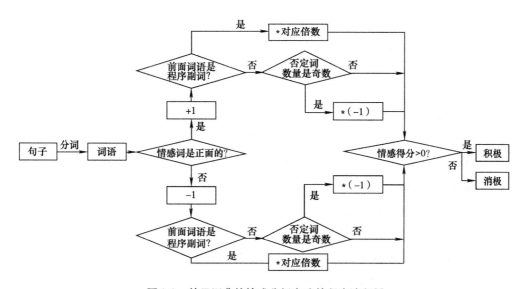

图 9-2 基于词典的情感分析方法的程序流程图

导入模块：

```
import os
import jieba
import collections
import pandas as pd
from sklearn. metrics import accuracy_score
import chardet    #编码识别模块
```

语料库存放在程序上级目录的 data 文件夹下，分为 pos 和 neg 两个文件夹，每个文件夹下有 3000 个文件，每个文件存储一个酒店评论语料。首先读取语料库文件，并分词、停用词：

```
def get_content( path)：  #读取文件
    with open( path,'r', encoding = 'utf - 8', errors = 'ignore') as f：
        content = ''
        for l in f：
            l = l. strip( ). replace( r' ', r"")
            content + = l
    return content


def get_file_content( path)：   #读取文件夹下所有文件的内容
    flist = os. listdir( path)
    flist = [ os. path. join( path,x) for x in flist]
    corpus = [ get_content( x) for x in flist]
    return corpus


#读取语料文本
pos_comment = get_file_content( '. . /data/pos')
neg_comment = get_file_content( '. . /data/neg')
   #数据整理与划分
pos_lable = [ 1 for i in range(3000) ]    #加入标签
neg_lable = [ -1 for i in range(3000) ]

comments = pos_comment + neg_comment    #语料
lables = pos_lable + neg_lable    #标签
```

读取情感词典并转化为列表：

首先查看文件的编码类型：

```
for i in os. listdir('sentiment'):
    if os. path. isfile(os. path. join('sentiment',i)):
        with open(os. path. join('sentiment',i), 'rb') as file:
            print(i, chardet. detect(file. read()))
```

运行上述程序，输出结果如下：

```
否定词. txt {'encoding': 'UTF - 8 - SIG', 'confidence': 1. 0, 'language': ''}
正面评价词语. txt {'encoding': 'GB2312', 'confidence': 0. 99, 'language': 'Chinese'}
程度级别词语. txt {'encoding': 'GB2312', 'confidence': 0. 99, 'language': 'Chinese'}
负面评价词语. txt {'encoding': 'GB2312', 'confidence': 0. 6591205515185392, 'language': 'Chinese'}
酒店情感词典. txt {'encoding': 'UTF - 8 - SIG', 'confidence': 1. 0, 'language': ''}
```

利用匹配原则将评论中的正面情感词和页面情感词找出并分别生成列表：

```
def degree_words():
    #读取否定词、程度级别词语
    path = 'sentiment/否定词. txt'
    dictionary = open(path, 'r', encoding = 'utf - 8 - sig', errors = 'ignore')
    inversedict = [ ]
    for word in dictionary:
        word = word. strip('\n'). strip(' ')
        inversedict. append(word)

    lines = list(filter(None, [ line. strip() for line in open('sentiment/程度级别词语. txt','r'). readlines()]))
    #print(lines)    #查看程度级别词语文件的规律,第一行为"中文程度级别词语
    219",因此从索引为 1 的行开始读取
    words = [ ]
    word = [ ]
    index = [ ]
```

```
        for line in lines[1:]:    #每行第一位为数字的是分类。例如"1. 极其|extreme /
最|most   69"
            if not line[0]. isdigit():
                word. append(line)
            else：
                print(line)
                words. append(word)
                word = []
        words. append(word)
        words = list(filter(None,words))
        mostdict, verydict, moredict, ishdict, insufficientdict, overdict = words[0], words
[1], words[2], words[3], words[4], words[5]
        return inversedict, mostdict, verydict, moredict, ishdict, insufficientdict, overdict
```

```
#读取否定词、程度级别词语
inversedict, mostdict, verydict, moredict, ishdict, insufficientdict, overdict = degree_
words()
#print(inversedict, '\n', mostdict, '\n', verydict, '\n', moredict, '\n', ishdict, '\n', in-
sufficientdict, '\n', overdict)


def read_file(filename, folder = 'sentiment/'):
    #读取 GB2312 编码文件
    path = folder + '% s. txt' % filename
    dictionary = open(path, 'r', encoding = 'GB2312', errors = 'ignore')
    dict = []
    for word in dictionary：
        word = word. strip('\n'). strip(' ')
        dict. append(word)
    return dict


def pos_neg_words():
    #读取通用情感词
    posdict = read_file('正面评价词语')
```

```
        negdict = read_file('负面评价词语')

    #将酒店情感词典的词放到正负评价词语里面
    f = open('sentiment/酒店情感词典 . txt','r',encoding = 'utf - 8')
    words = [ ]
    value = [ ]
    for word in f. readlines( ):
        words. append( word. split( ' ')[ 0 ] )
        value. append( float( word. split( ' ')[ 1 ]. strip( '\n') ) )

    c = { 'words':words, 'value':value}
    fd = pd. DataFrame( c )
    pos = fd[ 'words' ][ fd. value > 0 ]
    posdict = posdict + list( pos )        ##加入酒店相关的正面情感词
    neg = fd[ 'words' ][ fd. value < 0 ]
    negdict = negdict + list( neg )        ##加入酒店相关的负面情感词
    f. close( )

    return posdict, negdict
#读取正面情感词和负面情感词
posdict, negdict = pos_neg_words( )
#print( posdict[ :100], '\n', negdict[ :100 ] )    #生僻字无效显示,这里不做处理
```

其中, posdict 和 negdict 是正面评价词和负面评价词, inversedict、mostdict、overdict、verydict、moredict、ishdict、insufficientdict 分别存储了否定词、"极其/最""超""很""较""稍""欠"程度副词。

计算每个评论的得分并分类:

```
def cut_sentence( words ):
    #分句
    start = 0
    i = 0
    sents = [ ]
    token = [ ]
```

```python
        punt_list = ',. !?:;～,。!?:;～'
        for word in words：
            if word in punt_list：#检查标点符号的下一个字符是否还是标点
                sents. append(words[start:i+1])
                start = i+1
                i + = 1
            else：
                i + = 1
                token = list(words[start:i+2]). pop() #取下一个字符
        if start ＜ len(words)：
            sents. append(words[start:])
        return sents
def judgeodd(num)：
    #判断奇偶
    if num%2 = = 0：
        return 'even'
    else：
        return 'odd'


def sentiment(review)：
    #计算正、负和总的情感得分
    sents = cut_sentence(review)
    pos_senti = 0    #段落的情感得分
    neg_senti = 0
    total_senti = 0
    for sent in sents：
        pos_count = 0    #句子的情感得分
        neg_count = 0
        seg = jieba. lcut(sent,cut_all = False)
        i = 0 #记录扫描到的词的位置
        a = 0 #记录情感词的位置
        poscount = 0 #正向词的第一次分值
        poscount2 = 0 #正向词反转后的分值
```

```
                poscount3 = 0  #正向词的最后分值
                negcount = 0  #负向词的第一次分值
                negcount2 = 0  #负向词反转后的分值
                negcount3 = 0  #负向词的最后分值
                for word in seg:
                    poscount = 0
                    negcount = 0
                    if word in posdict:  #判断词语是否是情感词
                        poscount  + = 1
                        c = 0  #情感词前否定词的个数
                        for w in seg[a:i]:  #扫描情感词前的程度词
                            if w in mostdict:
                                poscount * = 4. 0
                            elif w in overdict:
                                negcount * = 3. 0
                            elif w in verydict:
                                poscount * = 3. 0
                            elif w in moredict:
                                poscount * = 2. 0
                            elif w in ishdict:
                                poscount * = 0. 75
                            elif w in insufficientdict:
                                poscount * = 0. 5
                            elif w in inversedict:
                                c  + = 1
                        if judgeodd(c) = = 'odd':  #扫描情感词前的否定词数
                            poscount * =  - 1. 0
                            poscount2  + = poscount
                            poscount3 =     poscount2 + poscount3
                            poscount = 0
                            poscount2 = 0
                        else:
                            poscount3 = poscount + poscount3
                            poscount = 0
```

```
                    a = i + 1    #情感词的位置变化
            elif word in negdict：   #消极情感的分析，与上面一致
                negcount + = 1
                d = 0
                for w in seg[a:i]：
                    if w in mostdict：
                        negcount * = 4. 0
                    elif w in overdict：
                        negcount * = 3. 0
                    elif w in verydict：
                        negcount * = 3. 0
                    elif w in moredict：
                        negcount * = 2. 0
                    elif w in ishdict：
                        negcount * = 0. 75
                    elif w in insufficientdict：
                        negcount * = 0. 5
                    elif w in inversedict：
                        d + = 1
                if judgeodd(d) = = 'odd'：
                    negcount * = - 1. 0
                    negcount2 + = negcount
                    negcount3 = negcount2 + negcount3
                    negcount = 0
                    negcount2 = 0
                else：
                    negcount3 = negcount + negcount3
                    negcount = 0
                a = i + 1
        i + = 1 #扫描词位置前移
    if poscount3 < 0 and negcount3 > = 0：
        neg_count + = negcount3 - poscount3
        pos_count = 0
    elif negcount3 < 0 and poscount3 > = 0：
```

```
                pos_count = poscount3 - negcount3
                neg_count = 0
            elif poscount3 < 0 and negcount3 < 0:
                neg_count = - poscount3
                pos_count = - negcount3
            else:
                pos_count = poscount3
                neg_count = negcount3
            pos_senti = pos_senti + pos_count
            neg_senti = neg_senti + neg_count
        total_senti = pos_senti - neg_senti
        if total_senti > 0:
            predictions = 1
        else:
            predictions = - 1
        return (predictions)
    if __name__ = = '__main__':
        predictions = [ ]
        for line in comments:
            predictions. append(sentiment(line))
        print('基于词典的情感分析准确率:', accuracy_score(lables, predictions))
```

运行上述程序,输出结果如下:

基于词典的情感分析准确率: 0.6501666666666667

9.3 能力提升训练——基于传统机器学习方法的情感分析

1. 训练目标

掌握基于传统机器学习的情感分析。

2. 案例分析

语料库与基于词典的情感分析方法使用相同。情感分析属于文本分类的一种，因此与基于传统机器学习方法的文本分类方法相同，分为特征工程和分类器。这里用到了四个分类器，分别为贝叶斯分类器、支持向量机、逻辑回归和多层感知机。

这里依然使用 Scikit – Learn 来实现传统的机器学习算法。

逻辑回归：

```
class sklearn. linear_model. LogisticRegression(penalty = 'l2', dual = False, tol = 0.0001, C =
1.0, fit_intercept = True, intercept_scaling = 1, class_weight = None, random_state = None,
solver = 'liblinear', max_iter = 100, multi_class = 'ovr', verbose = 0, warm_start = False, n_
jobs = 1)
```

参数：

penalty：正则化类型，str 型，默认为'l2'。

dual：bool 型，默认为 False。当样本数 > 特征数时，令 dual = False；用于 liblinear 解决器中 L2 正则化。

tol：float 型，默认为 0.0001。迭代终止判断的误差范围。

C：float 型，默认为 1.0。其值等于正则化强度的倒数，为正的浮点数。数值越小表示正则化越强。

fit_intercept：bool 型，默认为 True。指定是否应该向决策函数添加常量（即偏差或截距）。

intercept_scaling：float 型，默认为 1。仅当 solver 是'liblinear'时有用。

class_weight：默认为 None；与 "｛class_label：weight｝" 形式中的类相关联的权重。如果不对其进行赋值，则所有的类的权重都应该是 1。

random_state：int 型，默认为 None。当 solver == 'sag'或'liblinear'时使用。在变换数据时使用伪随机数生成器的种子。如果是整数，则 random_state 为随机数生成器使用的种子；如果是实例，则 random_state 为随机数生成器；如果没有，则随机数生成器就是'np. random '使用的 RandomState 实例。

solver：优化问题的算法，有 5 个算法可以选择 ｛'newton – cg', 'lbfgs', 'liblinear', 'sag', 'saga'｝，默认为'liblinear'。对于小数据集来说，'liblinear'是个不错的选择，而'sag'和'saga'对于大型数据集会更快。对于多类问题，只有'newton – cg'、'sag'、'saga'和'lbfgs'可以处理多项损失；'liblinear'仅限于 "one – versus – rest" 分类。

max_iter：最大迭代次数，int 型，默认为 100。

multi_class：分类方式的选择，str 型，｛'ovr', 'multinomial'｝，默认为'ovr'；如果选择的选项是'ovr'，那么该问题为二进制分类问题，否则损失最小化就是整个概率分布的多项式损失。对 liblinear solver 无效。

verbose：int 型，默认为 0；对于 liblinear 和 lbfgs solver，verbose 可以设为任意正数。

warm_start：bool 型，默认为 False；当设置为 True 时，重用前一个调用的解决方案以适合初始化。否则，只删除前一个解决方案。对 liblinear 解码器无效。

n_jobs：int 型，默认为 1；如果 multi_class = 'ovr'，则为在类上并行时使用的 CPU 核数。无论是否指定了 multi_class，当将' solver '设置为'liblinear'时，将忽略此参数。如果给定值为 -1，则使用所有核。

多层感知机：

```
class sklearn. neural_network. MLPClassifier( hidden_layer_sizes = (100, ), activation = 'relu',
solver = 'adam', alpha = 0. 0001, batch_size = 'auto', learning_rate = 'constant', learning_rate_
init = 0. 001, power_t = 0. 5, max_iter = 200, shuffle = True, random_state = None, tol =
0. 0001, verbose = False, warm_start = False, momentum = 0. 9, nesterovs_momentum = True,
early_stopping = False, validation_fraction = 0. 1, beta_1 = 0. 9, beta_2 = 0. 999) [source]
```

参数：

hidden_layer_sizes：tuple 型，length = n_layers - 2，默认为 100。第 i 个元素表示第 i 个隐藏层中的神经元数量。

activation：{'identity', 'logistic', 'tanh', 'relu'}，默认为'relu'。隐藏层的激活函数：'identity'，无操作激活，对实现线性瓶颈很有用，返回 $f(x) = x$;'logistic'，logistic sigmoid 函数，返回 $f(x) = 1 / (1 + \exp(-x))$；'tanh'，双曲 tan 函数，返回 $f(x) = \tanh(x)$；'relu'，整流后的线性单位函数，返回 $f(x) = \max(0, x)$。

solver：{'lbfgs', 'sgd', 'adam'}，默认为'adam'。

alpha：float 型，可选，默认为 0. 0001。L2 惩罚（正则化项）参数。

batch_size：int 型，optional，默认为"auto"。用于随机优化器的 minibatch 的大小。如果 slover 是'lbfgs'，则分类器将不使用 minibatch。设置为'auto'时，batch_size = min（200，n_samples）。

learning_rate：{'常数', 'invscaling', '自适应'}，默认为常数。用于权重更新。仅在 solver = 'sgd'时使用。'常数'表示给出的恒定学习率；'invscaling' 表示在每个时间步 t 逐渐降低学习速率 learning_rate_，effective_learning_rate = learning_rate_init / pow（t, power_t）；自适应表示只要训练损失不断减少，就将学习速率保持为'learning_rate_init'。每当两个连续的时期未能将训练损失减少，则将当前学习速率除以 5。

learning_rate_init：double 型，可选，默认为 0. 001。初始学习率，用于控制更新权重的步长。仅在 solver = 'sgd'或'adam'时使用。

power_t：double 型，可选，默认为 0. 5。反缩放学习率的指数。当 learning_rate 设置为'

invscaling' 时，它用于更新有效学习率。仅在 solver = 'sgd'时使用。

　　shuffle：bool 型，可选，默认为 True。仅在 solver = 'sgd'或'adam'时使用。表示是否在每次迭代中对样本进行洗牌。

　　momentum：float 型，默认 0.9，梯度下降更新的动量，应该在 0 和 1 之间。仅在 solver = 'sgd'时使用。

　　nesterovs_momentum：bool 型，默认为 True。仅在 solver = 'sgd'和 momentum > 0 时使用。

　　early_stopping：bool 型，默认为 False。当验证评分没有改善时，是否使用提前停止来终止培训。如果设置为 True，它将自动留出 10% 的训练数据作为验证，并验证得分在 n_iter _no_change 连续时期中没有改善时终止训练。仅在 solver = 'sgd'或'adam'时有效。

　　validation_fraction：float 型，optional，默认为 0.1。将训练数据的一定比例作为验证集。必须介于 0 和 1 之间。仅在 early_stopping 为 True 时使用。

　　beta_1：float 型，optional，默认值为 0.9，一阶矩向量的指数衰减率应为 [0, 1)，仅在 solver = 'adam'时使用。

　　beta_2：float 型，可选，默认为 0.999。一阶矩向量的指数衰减率应为 [0, 1)，仅在 solver = 'adam'时使用。

3. 实施步骤

　　基于传统机器学习的情感分析方法的程序流程如图 9-3 所示。

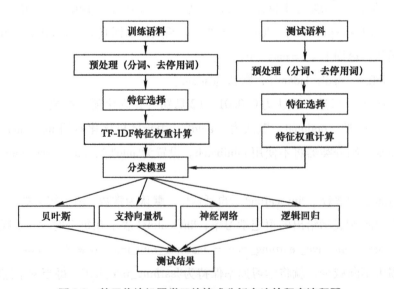

图 9-3　基于传统机器学习的情感分析方法的程序流程图

　　导入模块：

```
import os
import jieba
from sklearn.model_selection import train_test_split
from sklearn.feature_extraction.text import TfidfVectorizer
from sklearn.naive_bayes import MultinomialNB
from sklearn.linear_model import SGDClassifier
from sklearn.neural_network import MLPClassifier    #多层感知机
from sklearn.linear_model import LogisticRegression     #逻辑回归
from sklearn.metrics import accuracy_score
```

数据预处理:

```
def get_content(path):
        #读取文件
        with open(path,'r',encoding = 'utf - 8',errors = 'ignore') as f:
            content = []
            l = f.read()
            for i in l:
                l = l.strip().replace(r' ',r")    #去空格
                l = l.replace('\n', ").replace('\r', ")    #去换行符
            content.append(l)
        return content


    def get_file_content(path):
        #读取文件夹下所有文件的内容
        flist = os.listdir(path)    #返回指定的文件夹包含的文件或文件夹的名字的
列表
        flist = [os.path.join(path,x) for x in flist]    #连接两个或更多的路径名组件
        corpus = [get_content(x) for x in flist]
        return corpus


    def text_normalize(text):
        #分词、去停用词
        stopwords = [line.strip() for line in open('stopwords.txt', 'r',encoding = 'utf - 8',
errors = 'ignore').readlines()]
```

```
        text_split = [ ]
            for line in text:
                words = jieba. cut( str( line ) )    #分词
                word_list = [ word for word in words if word. lower( ) not in stopwords]
#去停用词
                text_split. append( word_list)
            return text_split


    #读取语料文本
        pos_comment = get_file_content('. . /data/pos')
neg_comment = get_file_content('. . /data/neg')
#数据整理与划分
pos_lable = [ 1 for i in range( 3000 ) ]    #加入标签
neg_lable = [ - 1 for i in range( 3000 ) ]


comments = pos_comment + neg_comment      #语料整合
lables = pos_lable + neg_lable
c = {'comment':comments, 'value':lables}


#划分数据集
X_train, X_test, y_train, y_test = train_test_split( comments, lables, test_size = 0. 25,
random_state = 5)    #25%作为测试,75%作为训练集


X_train = text_normalize( X_train)
print('训练集样本数量:', len( X_train) )
X_test = text_normalize( X_test)
print('测试样本数量:', len( X_test) )
```

使用卡方检验进行特征选择:

```
class ChiSquare:    #ChiSquare 类
    def __init__( self, doc_list, doc_labels):
        #统计词在正样本中出现的频率、词频、正样本词的数量、所有词的数量
        self. total_data, self. total_pos_data, self. total_neg_data = {}, {}, {}
```

```
#定义字典
        for i, doc in enumerate(doc_list)：  #对于训练集中的每一个训练样本
            if doc_labels[i] == 1：  #样本标签为1
                for word in doc：  #训练样本中的每个词语
                    self.total_pos_data[word] = self.total_pos_data.get(word, 0)
+1    #统计这个词在 pos 文本中出现的次数
                    self.total_data[word] = self.total_data.get(word, 0) +1
            else：
                for word in doc：
                    self.total_neg_data[word] = self.total_neg_data.get(word, 0)
+1    #统计这个词在 neg 文本中出现的次数
                    self.total_data[word] = self.total_data.get(word, 0) +1
#统计词在所有文本中出现的次数

        total_freq = sum(self.total_data.values())
        total_pos_freq = sum(self.total_pos_data.values())

        self.words = {}
        for word, freq in self.total_data.items():
            pos_score = self.__calculate(self.total_pos_data.get(word, 0), freq, to-
tal_pos_freq, total_freq)    #输入：词正频率、词频率、词正
            self.words[word] = pos_score * 2


    @staticmethod
    def __calculate(n_ii, n_ix, n_xi, n_xx):
        #计算卡方值
        n_ii = n_ii
        n_io = n_xi − n_ii
        n_oi = n_ix − n_ii
        n_oo = n_xx − n_ii − n_oi − n_io
        return n_xx * (float((n_ii * n_oo − n_io * n_oi) ** 2) /
                ((n_ii + n_io) * (n_ii + n_oi) * (n_io + n_oo) * (n_oi + n
_oo)))
```

```
        def best_words(self, num, need_score = False):
            #对卡方值进行排序,取前 5000 个
            words = sorted(self.words.items(), key = lambda word_pair: word_pair[1],
reverse = True)
            if need_score:
                return [word for word in words[ :num]]
            else:
                return [word[0] for word in words[ :num]]


feature_num = 5000
fe = ChiSquare(X_train, y_train)
best_words = fe.best_words(feature_num)
```

提取特征:

```
def TextFeatures(train_data, test_data, feature_words):
    def text_features(text, feature_words):
        for word in text:
            if word not in feature_words:
                text.remove(word)
        return text

    train_list = [text_features(text, feature_words) for text in train_data]
    test_list = [text_features(text, feature_words) for text in test_data]
    return train_list, test_list

X_train, X_test = TextFeatures(X_train, X_test, best_words)
```

计算 TF – IDF 权重:

```
tfidf_vectorizer = TfidfVectorizer(min_df = 1, analyzer = list, norm = 'l2', smooth_idf =
True, use_idf = True, ngram_range = (1,1))
tf_train_features = tfidf_vectorizer.fit_transform(X_train)
tf_test_features = tfidf_vectorizer.transform(X_test)
```

使用贝叶斯分类器、支持向量机、逻辑回归和多层感知机进行分类：

```
#预测函数
def train_predict_evaluate_model(classifier, train_features, train_labels, test_features,
test_labels):
    classifier.fit(train_features,train_labels)
    predictions = classifier.predict(test_features)
    return predictions


#贝叶斯
mnb = MultinomialNB()
mnb_tf_pre = train_predict_evaluate_model(classifier = mnb, train_features = tf_train_
features, train_labels = y_train, test_features = tf_test_features, test_labels = y_test)
```

计算 TF – IDF 权重：

```
#SVM
svm = SGDClassifier(loss = 'hinge', max_iter = 1000)
svm_tf_pre = train_predict_evaluate_model(classifier = svm, train_features = tf_train_fea-
tures, train_labels = y_train, test_features = tf_test_features, test_labels = y_test)


#ANN
ann_model = MLPClassifier(hidden_layer_sizes = 1, activation = 'logistic', solver = 'lbfgs',
random_state = 0)
ann_tf_pre = train_predict_evaluate_model(classifier = ann_model, train_features = tf_train
_features, train_labels = y_train, test_features = tf_test_features, test_labels = y_test)


#逻辑回归
logreg = LogisticRegression(C = 1, penalty = 'l2')
log_tf_pre = train_predict_evaluate_model(classifier = logreg, train_features = tf_train_
features, train_labels = y_train, test_features = tf_test_features, test_labels = y_test)
print('贝叶斯准确率:',accuracy_score(y_test, mnb_tf_pre))
print('SVM 准确率:',accuracy_score(y_test, svm_tf_pre))
print('ANN 准确率:',accuracy_score(y_test, ann_tf_pre))
print('逻辑回归准确率:',accuracy_score(y_test, log_tf_pre))
```

运行上述程序，输出结果如下：

贝叶斯准确率: 0.8706666666666667

SVM 准确率: 0.8833333333333333

ANN 准确率: 0.8686666666666667

逻辑回归准确率: 0.876

从上述结果可得，SVM 的分类效果最好，ANN 的分类效果最差。

9.4 能力提升训练——基于 LSTM 的情感分析

1. 训练目标

掌握基于 LSTM 的情感分析方法的基本步骤。

2. 案例分析

基于 LSTM 的情感分析方法的程序流程如图 9-4 所示。

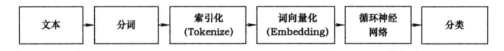

图 9-4 基于 LSTM 的情感分析方法的程序流程图

3. 实施步骤

导入模块：

```
import os
import numpy as np
import matplotlib. pyplot as plt
import re
import jieba
import pandas as pd
from gensim. models import KeyedVectors #gensim 用来加载预训练 word vector
import warnings    #通过调用 warnings 模块中定义的 warn()函数来发出警告,可以通
过警告过滤器控制是否发出警告消息
```

```
warnings. filterwarnings("ignore")
from tensorflow. python. keras. models import Sequential
import tensorflow as tf
from sklearn. model_selection import train_test_split
from tensorflow. python. keras. layers import Dense, GRU, Embedding, LSTM, Bidirec-
tional
from tensorflow. python. keras. preprocessing. text import Tokenizer
from tensorflow. python. keras. preprocessing. sequence import pad_sequences
from tensorflow. python. keras. optimizers import RMSprop
from tensorflow. python. keras. optimizers import Adam
from tensorflow. python. keras. callbacks import EarlyStopping, ModelCheckpoint, Tensor-
Board, ReduceLROnPlateau
```

加载预训练词向量模型:

```
cn_model = KeyedVectors. load_word2vec_format ('embeddings/sgns. zhihu. bigram', bi-
nary = False, unicode_errors = "ignore")
```

读取语料预处理,这里将正面评论的标签用1表示,负面评论的标签用0表示:

```
def get_content(path):     #读取文件
    with open(path,'r',encoding = 'utf - 8',errors = 'ignore') as f:
        content = ''
        for l in f:
            l = l. strip(). replace(r' ',r'')
            content + = l
    return content


def get_file_content(path):     #读取文件夹下所有文件的内容
    flist = os. listdir(path)
    flist = [os. path. join(path,x) for x in flist]
    corpus = [get_content(x) for x in flist]
    return corpus


#读取语料文本
pos_comment = get_file_content('../data/pos')
```

```
neg_comment = get_file_content('../data/neg')
```

#数据整理与划分
```
pos_lable = [1 for i in range(3000)]    #加入标签
neg_lable = [0 for i in range(3000)]
comments = pos_comment + neg_comment    #语料整合
lables = pos_lable + neg_lable
c = {'comment':comments, 'value':lables}
```

#分割数据集
```
df = pd.DataFrame(c)
train_texts_orig = df['comment']
train_target = df['value']
print(train_texts_orig)
print(train_target)
print(len(train_texts_orig))
```

运行上述程序，输出结果如下：

0 距离川沙公路较近,但是公交指示不对,如果是"蔡陆线"的话,会非常麻烦,建议用别的路线,房间较...

1 商务大床房,房间很大,床有 2m 宽,整体感觉经济实惠不错!

2 早餐太差,无论去多少人,那边也不加食品的。酒店应该重视一下这个问题了。房间本身很好。

3 宾馆在小街道上,不大好找,但还好北京热心同胞很多~宾馆设施跟介绍的差不多,房间很小,确实挺小...

4 CBD 中心,周围没什么店铺,说 5 星有点勉强. 不知道为什么卫生间没有电吹风
...

5995 尼斯酒店的几大特点:噪声大、环境差、配置低、服务效率低。如:1、隔壁歌厅的声音闹至午夜 3 点...

5996 盐城来了很多次,第一次住盐阜宾馆,我的确很失望整个墙壁黑咕隆咚的,好像被烟熏过一样,家具非常的...

5997 看照片觉得还挺不错的,又是 4 星级的,但入住以后除了后悔没有别的,房间挺大但空空的,早餐是有但...

5998 我们去盐城的时候那里的最低气温只有4℃,晚上冷得要死,居然还不开空调,投诉到酒店客房部,得到…

5999 说实在的我很失望,之前看了其他人的点评后觉得还可以才去的,结果让我们大跌眼镜。我想这家酒店以…

Name：comment，Length：6000，dtype：object

0	1
1	1
2	1
3	1
4	1
..	
5995	0
5996	0
5997	0
5998	0
5999	0

Name：value，Length：6000，dtype：int64

6000

分词和索引化:

```
#train_tokens 是一个长长的 list,其中含有 6000 个小 list,对应每一条评价
train_tokens = [ ]
for text in train_texts_orig：
    #去掉标点
    text = re. sub("[\s + \. \! \/_, $ % ^ * ( + \" \'] + | [ + ——！,。?、~ @ # ¥ %……& * ( ) ] +", "",text)
    #jieba 分词
    cut_list = jieba. lcut(text)
    for i, word in enumerate(cut_list)：
        try：
            #将词转换为索引 index
            cut_list[i] = cn_model. vocab[word]. index
        except KeyError：
            #如果词不在字典中,则输出 0
```

```
        cut_list[i] = 0
    train_tokens. append(cut_list)
```

为了避免评论的长度不同对分类结果造成影响，这里对评论的长度进行标准化，首先获取所有文本的长度及其统计特征：

```
#获得所有 tokens 的长度
num_tokens = [ len( tokens) for tokens in train_tokens ]
num_tokens = np. array( num_tokens)
#平均 tokens 的长度
print('平均长度:', np. mean( num_tokens) )
#最长的评价 tokens 的长度
print('最长长度:', np. max( num_tokens) )
print('最短长度:', np. min( num_tokens) )
```

运行上述程序，输出结果如下：

```
平均长度: 71. 95233333333333
最长长度: 1540
最短长度: 0
```

为直观地观察，将词的长度用图来显示：

```
plt. hist( np. log( num_tokens + 1) , bins = 100)    #最短长度为 0,因此加 1
plt. xlim( (0,10) )
plt. ylabel('number of tokens')
plt. xlabel('length of tokens')
plt. title('Distribution of tokens length')
plt. show( )
```

运行上述程序，输出结果如图 9-5 所示。

观察图 9-5，主观假设其服从正态分布，取 tokens 平均值并加上两个 tokens 的标准差，并查看这种做法的涵盖率：

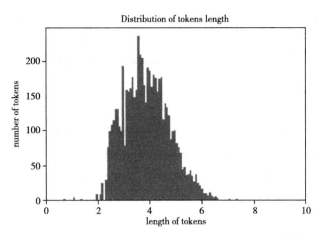

图9-5　统计评论的长度

```
#取 tokens 平均值并加上两个 tokens 的标准差
#假设 tokens 长度的分布为正态分布,则 max_tokens 这个值可以涵盖95%左右的
样本
max_tokens = np. mean( num_tokens ) + 2 * np. std( num_tokens )
max_tokens = int( max_tokens )
print( max_tokens )
#取 tokens 的长度为 244 时,涵盖率是多少?
#对长度不足的进行补充,超长的进行修剪
print( np. sum( num_tokens ＜ max_tokens ) / len( num_tokens ))
```

运行上述程序，输出结果如下：

```
244
0. 9555
```

上述结果显示，涵盖率高达95.55%，因此将归一化的长度选为244。

预训练词向量矩阵中每个词汇都用300维的向量表示，这个预训练模型中包含260万词汇量，这里选用前50 000个使用频率最高的词，得到词向量矩阵：

```
embedding_dim = 300
#只使用前50000个词
num_words = 50000
#初始化 embedding_matrix,之后在 keras 上进行应用
```

```
embedding_matrix = np. zeros( ( num_words, embedding_dim) )
#embedding_matrix 为一个 [num_words, embedding_dim] 的矩阵
#维度为 50000 * 300
for i in range( num_words) :
    embedding_matrix[ i, : ] = cn_model[ cn_model. index2word[ i] ]
embedding_matrix = embedding_matrix. astype( 'float32')
#embedding_matrix 表示维度,为 keras 的要求,后续会在模型中用到
print( embedding_matrix. shape)
```

运行上述程序，输出结果为：

```
(50000, 300)
```

对文本进行填充和修剪：

```
#进行 padding 和 truncating, 输入的 train_tokens 是一个 list
#返回的 train_pad 是一个 numpy array
train_pad = pad_sequences( train_tokens, maxlen = max_tokens,
                          padding = 'pre', truncating = 'pre')
#超出 50 000 个词向量的词用 0 代替
train_pad[ train_pad > = num_words ] = 0
#准备 target 向量,前 3000 样本为 1,后 3000 为 0
train_target = np. array( train_target)
print( train_pad[ 1] )
print( train_pad[ 1]. shape)
```

运行上述程序，输出结果如下：

```
[ 0    0    0    0    0    0    0    0    0    0    0    0    0    0
  0    0    0    0    0    0    0    0    0    0    0    0    0    0
  0    0    0    0    0    0    0    0    0    0    0    0    0    0
  0    0    0    0    0    0    0    0    0    0    0    0    0    0
  0    0    0    0    0    0    0    0    0    0    0    0    0    0
  0    0    0    0    0    0    0    0    0    0    0    0    0    0
  0    0    0    0    0    0    0    0    0    0    0    0    0    0
  0    0    0    0    0    0    0    0    0    0    0    0    0    0
  0    0    0    0    0    0    0    0    0    0    0    0    0    0
```

0	0	0	0	0	0	0	0	0	0	0	0	0	0
0	0	0	0	0	0	0	0	0	0	0	0	0	0
0	0	0	0	0	0	0	0	0	0	0	0	0	0
0	0	0	0	0	0	0	0	0	0	0	0	0	0
0	0	0	0	0	0	0	0	0	0	0	0	0	0
0	0	0	0	0	0	0	0	0	0	0	0	0	0
0	0	0	0	0	0	0	0	0	0	0	0	0	0
0	0	0	0	0	0	0	9732	33754	2852	1487	692	0	0

3375　1649　176　454　12042　562]

(244,)

可见 padding 之后前面的 tokens 全变成 0,文本在最后面。

划分数据集,90% 用于训练,10% 用于测试:

```
X_train, X_test, y_train, y_test = train_test_split(train_pad, train_target, test_size =
0.1, random_state = 12)
```

搭建网络:

```
#用 LSTM 对样本进行分类
model = Sequential()
#模型第一层为 embedding
model.add(Embedding(num_words, embedding_dim, weights = [embedding_matrix], in-
put_length = max_tokens, trainable = False))
#Embedding 之后第一层用 BiLSTM 返回 sequences,然后第二层 16 个单元的 LSTM 不
返回 sequences,只返回最终结果,最后是一个全链接层,用 sigmoid 激活函数输出
结果。
model.add(Bidirectional(LSTM(units = 64, return_sequences = True)))
model.add(LSTM(units = 16, return_sequences = False))
model.add(Dense(1, activation = 'sigmoid'))
#查看模型的结构
model.summary()
```

运行上述程序，输出结果如图9-6所示。

```
Model: "sequential"

_____
Layer (type)                 Output Shape              Param #
=================================================================
embedding (Embedding)        (None, 244, 300)          15000000

bidirectional (Bidirectional (None, 244, 128)          186880

lstm_1 (LSTM)                (None, 16)                9280

dense (Dense)                (None, 1)                 17
=================================================================
Total params: 15,196,177
Trainable params: 196,177
Non-trainable params: 15,000,000
```

图9-6　模型结构

进行参数设置：

```
#建立一个权重的存储点
path_checkpoint = 'sentiment_checkpoint. keras'
checkpoint = ModelCheckpoint( filepath = path_checkpoint, monitor = 'val_loss',
                              verbose = 1, save_weights_only = True,
                              save_best_only = True)


#尝试加载已训练模型
try:
    model. load_weights( path_checkpoint)
except Exception as e:
    print( e)


#定义 early stoping,如果3 个 epoch 内 validation loss 没有改善则停止训练
earlystopping = EarlyStopping( monitor = 'val_loss', patience = 5, verbose = 1)


#自动降低 learning rate
lr_reduction = ReduceLROnPlateau( monitor = 'val_loss',
```

factor $= 0.1$, min_lr $= 1e - 8$, patience $= 0$,

verbose $= 1$)

\#定义 callback 函数

callbacks $= \left[\ \text{earlystopping, checkpoint, lr\_reduction}\ \right]$

\#对数损失函数, adam 优化器

model. compile(loss = 'binary_crossentropy', optimizer = 'adam', metrics = ['accuracy'])

训练:

model. fit(X_train, y_train,

validation_split $= 0.1$,

epochs $= 20$,

batch_size $= 128$,

callbacks $=$ callbacks)

运行上述程序, 输出结果如下:

Train on 4860 samples, validate on 540 samples

Epoch 1/20

4736/4860 [= >.] – ETA: 2s – loss: 0. 5822 – accuracy: 0. 7061

Epoch 00001: val_loss improved from inf to 0. 51108, saving model to sentiment_checkpoint. keras

4860/4860 [=] – 104s 21ms/sample – loss: 0. 5794 – accuracy: 0. 7084 – val_loss: 0. 5111 – val_accuracy: 0. 7778

Epoch 2/20

4736/4860 [= >.] – ETA: 2s – loss: 0. 4454 – accuracy: 0. 8026

Epoch 00002: val_loss improved from 0. 51108 to 0. 43335, saving model to sentiment_checkpoint. keras

4860/4860 [=] – 101s 21ms/sample – loss: 0. 4472 – accuracy: 0. 8006 – val_loss: 0. 4334 – val_accuracy: 0. 8019

Epoch 3/20

4736/4860 [= > .] – ETA：2s – loss：0. 3815 – accuracy：0. 8440

Epoch 00003：valloss improved from 0. 43335 to 0. 36744, saving model to sentiment_checkpoint. keras

4860/4860 [=] – 102s 21ms/sample – loss：0. 3796 – accuracy：0. 8453 – valloss：0. 3674 – valaccuracy：0. 8444

Epoch 4/20

4736/4860 [= > .] – ETA：2s – loss：0. 3086 – accuracy：0. 8794

Epoch 00004：valloss did not improve from 0. 36744

Epoch 00004：ReduceLROnPlateau reducing learning rate to 0. 00010000000474974513.

4860/4860 [=] – 103s 21ms/sample – loss：0. 3109 – accuracy：0. 8782 – valloss：0. 3963 – valaccuracy：0. 8185

......

Epoch 10/20

4736/4860 [= > .] – ETA：2s – loss：0. 2536 – accuracy：0. 9027

Epoch 00010：valloss did not improve from 0. 32059

Epoch 00010：ReduceLROnPlateau reducing learning rate to 1e – 08.

4860/4860 [=] – 105s 22ms/sample – loss：0. 2549 – accuracy：0. 9025 – valloss：0. 3232 – valaccuracy：0. 8630

Epoch 00010：early stopping

< tensorflow. python. keras. callbacks. History at 0x1fb804cee10 >

计算测试准确率：

```
result = model. evaluate( X_test, y_test)
print('Accuracy：{0：. 2%}'. format( result[1]))
```

运行上述程序，输出结果如下：

600/600 [= = = = = = = = = = = = = = = = = =] – 1s 2ms/sample – loss：0. 2851 – accuracy：0. 8867

Accuracy：88. 67%

定义一个预测函数，进行简单测试：

```
def predict_sentiment(text):
    print(text)
    #去标点
    text = re.sub("[\s + \. \. \! \/_, $ % ^ * ( + \" \'] + | [ + ——!,。?、~ @ # ￥ %
……& * ( ) ] +", "", text)
    #分词
    cut = jieba.cut(text)
    cut_list = [ i for i in cut ]
    #tokenize 索引化
    for i, word in enumerate(cut_list):
        try:
            cut_list[i] = cn_model.vocab[word].index
            if cut_list[i] > =50000:
                cut_list[i] =0
        except KeyError:
            cut_list[i] =0
    #padding
    tokens_pad = pad_sequences([cut_list], maxlen = max_tokens,
                                padding = 'pre', truncating = 'pre')
    #预测
    result = model.predict(x = tokens_pad)
    coef = result[0][0]
    if coef > =0.5:
        print('是一例正面评价','output = %.2f'% coef)
    else:
        print('是一例负面评价','output = %.2f'% coef)


test_list = [
    '酒店设施不是新的,服务态度很不好',
    '酒店卫生条件非常不好',
    '床铺非常舒适',
    '房间很凉,不给开暖气',
    '房间很凉爽,空调冷气很足',
```

```
        '酒店环境不好,住宿体验很不好',
        '房间隔音不到位',
        '晚上回来发现没有打扫卫生',
        '因为过节所以要我临时加钱,比团购的价格贵'
]
for text in test_list:
    predict_sentiment(text)
```

运行上述程序,输出结果如下:

```
        酒店设施不是新的,服务态度很不好
        是一例负面评价 output = 0.10
        酒店卫生条件非常不好
        是一例负面评价 output = 0.10
        床铺非常舒适
        是一例正面评价 output = 0.72
        房间很凉,不给开暖气
        是一例负面评价 output = 0.12
        房间很凉爽,空调冷气很足
        是一例负面评价 output = 0.43
        酒店环境不好,住宿体验很不好
        是一例负面评价 output = 0.08
        房间隔音不到位
        是一例负面评价 output = 0.13
        晚上回来发现没有打扫卫生
        是一例负面评价 output = 0.31
        因为过节所以要我临时加钱,比团购的价格贵
        是一例负面评价 output = 0.14
```

单元小结

本单元主要介绍了三种情感分析的方法,并使用 Python 进行实现。其中基于词典的情感分析方法基于词典匹配,其准确率约为65%;基于传统机器学习方法的情感分析方法使

用了卡方检验和 TF – IDF 计算权重，其准确率约为87%；基于 LSTM 的情感分析使用了 LSTM 和词向量结合的方法，准确率最高约为88.67%。

学 习 评 估

课程名称：文本情感分析			
学习任务：基于词典的情感分析、基于传统机器学习的情感分析、基于 LSTM 的情感分析			
课程性质：理实一体课程		综合得分：	

知识掌握情况评分（30 分）

序号	知识考核点	配分	得分
1	情感分析的三种方法	10	
2	三种情感分析方法的步骤	20	

工作任务完成情况评分（70 分）

序号	能力操作考核点	配分	得分
1	基于词典的情感分析	20	
2	基于传统机器学习方法的情感分析	20	
3	基于 LSTM 的情感分析	30	

课 后 习 题

文本情感分析主要有哪些方法？编写 Python 代码实现三种方法的文本情感分析。

Unit 10 |

聊天机器人

单元概述

前面学习了自然语言处理的常用功能、分词、文本向量化、关键词提取、文本情感分析等，本单元将使用这些功能来搭建聊天机器人。

聊天机器人（ChatBot）的发展要追溯到 20 世纪 60 年代，其研究源于图灵（Alan M. Turing）在 1950 年 *Mind* 上发表的文章 "Computing Machinery and Intelligence"，文章开篇提出了"机器能思考吗？"（"Can machines think?"）的设问，引出了经典的"图灵测试"。

最早的聊天机器人 ELIZA 诞生于 1966 年，由麻省理工学院（MIT）的约瑟夫·魏泽鲍姆（Joseph Weizenbaum）开发，用于在临床治疗中模仿心理医生，其实其技术仅为关键词匹配及人工编写的回复规则。

1988 年，加州大学伯克利分校（UC Berkeley）的罗伯特·威林斯基（Robert Wilensky）等人开发了名为 UC（UNIX Consultant）的聊天机器人系统，帮助用户学习怎么使用 UNIX 系统，具备了分析用户的语言、确定用户操作的目标、给出解决用户需求的规划、决定需要与用户沟通的内容、以英语生成最终的对话内容以及根据用户对 UNIX 系统的熟悉程度进行建模的功能。

1995 年，理查德·华勒斯（Richard S. Wallace）博士开发了 ALICE 系统，随着 ALICE 一同发布的 AIML（Artificial Intelligence Markup Language）目前被广泛应用在移动端虚拟助手的开发中。尽管 ALICE 采用的是启发式模板匹配的对话策略，但是它仍然被认为是同类型聊天机器人中性能最好的系统之一。

随着学术界对聊天机器人的关注程度越来越高，聊天机器人取得了不错的进展，像微软的情感聊天机器人小冰、百度的交互式搜索机器人小度等。

学习目标

知识目标
- 掌握问答型机器人的流程；
- 了解自然语言理解；
- 掌握 UNIT 平台搭建对话型机器人的流程。

技能目标
- 能够调用外部接口实现聊天机器人。

10.1　聊天机器人的分类

聊天机器人按照功能需求来划分，一般分为两种：检索式问答型和多轮对话型。

1. 检索式问答型机器人

这种机器人一般应用于问答系统中，智能客服是最核心的用户场景，基本上来说，就是用户使用智能客服系统，提问了一个业务知识问题，系统需要在知识库里找到最合适的那一个答案，且一般来说，知识库都是人工事先编辑好的。

2. 多轮对话型机器人

多轮对话也称为基于上下文关系的对话。

看下面一个例子：

"查一下天气"

"哪个地方呢"

"济南"

"济南是个不错的地方呢"

显然，最后的回答并不是我们想要的，当输入"济南"的时候，我们希望的依旧是查询天气，但机器人不能再识别我们的意图了，这就是多轮对话机器人要做的事，根据上下文关系能很好地识别用户的意图并抽取实体。

10.2　NLU

1. NLU 的概念

自然语言理解（Natural Language Understanding，NLU）是 NLP 的一部分，简单来说就是希望计算机可以理解自然语言，例如理解语言、文本等，从中提取出有用的信息。

在生活中，如果想要订火车票，人们会有很多种自然的表达，例如："订火车票"；"有去上海的车次吗"；"要出差，帮我查下火车票"等。可以说"自然的表达"有无穷多的组合（自然语言）都是在代表"订票"这个意图的。而听到这些表达的人，可以准确理解这些表达指的是"订票"这件事。而要理解这么多种不同的表达，对机器是个挑战。

2. NLU 的两要素

NLU 的出现让很多团队都掌握了一组关键技能——意图识别和实体提取。这意味着可以让机器从各种自然语言的表达中区分出来哪些表达归属于这个意图、哪些表达不是归于这一类的，而不再依赖那么死板的关键词。比如经过训练后，机器能够识别"帮我推荐一家附近的餐厅"，就不属于"订火车票"这个意图的表达。并且通过训练机器还能在句子中自动提取出来"上海"，这两个字指的是目的地这个概念（即实体），"下周二"指的是出发时间。

但这样依旧有很多难点，语言的上下文就是其一。比如在订火车票的场景中，用户输入"买张火车票"，机器回复"想买哪里的火车票"，用户再次输入"上海"，这时我们期待的结果是"想买什么时间的"，能与买火车票的意图关联起来，而不是单独依赖"上海"这个词来让机器做相应的答复，从而实现多轮对话。

10.3　能力提升训练——天气查询机器人

1. 训练目标

本案例通过百度的 UNIT 平台以 request 的方式来搭建一个天气查询机器人。

2. 案例分析

百度的 UNIT 平台提供融合组合语义推导、语义匹配的对话理解技术，预置涵盖生活娱乐、设备控制等领域的可干预对话能力及 50 多个场景的词典和技能，包括聊天、新闻、天气、音乐、写诗、笑话、垃圾分类等。本案例以天气场景为例来讲述具体的使用方法。

天气场景意图：查天气

实体（词槽）：哪里，什么时候

整个流程如下：

1）根据 api_key、secret_key 获取 access_token。

2）构造请求体、请求接口、接收返回的数据。

3）解析数据。

3. 实施步骤

首先导入用到的库：

```
import requests
import datetime
import uuid
import json
```

获取 access_token。api_key 和 secret_key 的获取方式如下：

1）注册并登录百度智能云平台。

2）打开控制台，在左侧"＞"箭头处找到"人工智能"→"智能对话"，单击新建应用，填写相关信息后即可看到 api_key 和 secret_key。下面利用 api_key，secret_key 来生成唯一的 token：

```
def get_token(api_key, secret_key):
    URL = 'http://openapi.baidu.com/oauth/2.0/token'
    params = {'grant_type': 'client_credentials',
              'client_id': api_key,
              'client_secret': secret_key}
    r = requests.get(URL, params = params)
    try:
        r.raise_for_status()
        token = r.json()['access_token']
        return token
    except requests.exceptions.HTTPError:
        return ''
```

请求接口，返回请求数据。query 为用户的指令字符串；service_id 为 UNIT 的技能 id，技能 id 的获取方式：

1）打开网址 https://ai.baidu.com/unit/home，进入 UNIT。

2）单击"我的技能"按钮，在预置技能下单击获取技能，在弹出的对话框中选择要获取的技能，然后单击"获取该技能"按钮，如图 10-1 所示。

3）关闭对话框，即可看到该技能的 id。

api_key：UNIT api_key；

secret_key：UNIT secret_key；

returns：UNIT 解析结果。如果解析失败，则返回 None。

图 10-1　选择预置技能

```python
session_id = ''
def getUnit(query, service_id, api_key, secret_key, session_id):
    access_token = get_token(api_key, secret_key)
    url = 'https://aip.baidubce.com/rpc/2.0/unit/bot/chat? access_token =' + access_token
    request = {
        "query": query,
        "user_id": "888888",
    }
    body = {
        "log_id": str(uuid.uuid1()),
        "bot_id": service_id,
        "bot_session": json.dumps({"session_id": session_id}),
        "request": request
    }
    try:
        headers = {'Content-Type': 'application/x-www-form-urlencoded'}
        response = requests.post(url, json=body, headers=headers)
        #print(response.text)
        return json.loads(response.text)
    except Exception:
        return None
```

获取 session_id：当前请求中的 bot_session. session_id 与保留中的某个会话相同时，当前会话将继承历史会话的意图、词槽信息以及对话状态，来实现多轮对话。

```
def getSession(parsed):
    if parsed is not None and 'result' in parsed:
        return json. loads(parsed["result"]['bot_session'])["session_id"]
    else:
        return "
```

解析机器人回复的内容：

```
def getSay(parsed, intent="):

    if parsed is not None:
        return parsed['result']['response']['action_list'][0]['say']
    else:
        return "
```

主函数：

```
if __name__ == '__main__':
    while True:
        text = input()
        parsed = getUnit(text, "1099336", 'YezaxM7yKMqECGnlKbh9KhFr', '4FWRffUmFkqdPxre2kiK5srSWGXYlqjF', session_id)
        session_id = getSession(parsed)
        say = getSay(parsed)
        print(say)
```

运行上述程序，输出结果如图 10-2 所示。

天气
你要查的地点是哪里呢？
上海
上海今天有小雨，气温23到29摄氏度~外出建议带伞。
济南呢
济南今天多云转晴气温21到30摄氏度~
明天怎么样
济南明天晴转多云气温23到33摄氏度~

图 10-2   运行效果截图

值得一提的是，该技能除了能查天气外，还能查询紫外线强度、穿衣指数、是否适合洗车等，如图10-3所示。

天气
你要查的地点是哪里呢？
上海
上海今天有小雨，气温23到29摄氏度~外出建议带伞。
适合洗车吗
上海今天气温23到29摄氏度。最近三天会有大风等恶劣天气，可能会弄脏您的爱车，建议不要选择在今天洗车哦。
适合穿什么衣服
上海今天气温23到29摄氏度。建议穿长袖衬衫单裤等服装。
容易感冒吗
上海今天气温23到29摄氏度。无明显降温，感冒几率较低。

图10-3 运行效果

10.4　Elasticsearch

Elasticsearch是一个分布式、高扩展、高实时的搜索与数据分析引擎，支持Java、C#、Python、PHP等多种语言。

Elasticsearch的功能实现主要分为以下几个步骤，首先用户将数据提交到Elasticsearch数据库中，再通过分词控制器将对应的语句分词，将其权重和分词结果一并存入数据，当用户搜索数据时，根据权重将结果排名、打分，再将返回结果呈现给用户。

1. Elasticsearch 安装

由于Elasticsearch（ES）是用Java编写的，所以安装之前确保Java JDK已安装以及配置了正确的环境变量。

打开网址https：//artifacts. elastic. co/downloads/elasticsearch/elasticsearch – 6. 5. 4. zip，下载并解压，运行bin目录下的elasticsearch. bat文件，即可启动Elasticsearch服务，如图10-4所示。

2. ik 插件

ik是ES的一个分词插件，安装ik分词器需要访问https：//github. com/medcl/elasticsearch – analysis – ik，在releases找到对应的ES版本，在ES的安装目录plugins文件夹下新建ik文件夹，将下载的压缩包解压到该文件夹下，如图10-5所示。

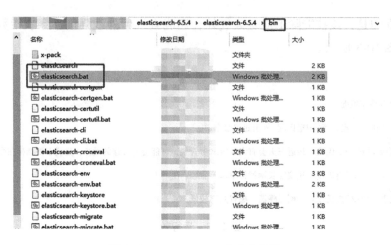

图10-4　Elasticsearch 启动文件图

图10-5　ik 插件安装示意图

3. 在 Python 中操作 Elasticsearch

在 Python 中运行 ES 需要先安装依赖包，通过 pip install elasticsearch 安装即可。接下来学习 ES 的用法。

整个流程如下：

1）连接 ES。

2）创建索引。

3）插入数据。

首先导入需要的库：

```
import time
import json
from elasticsearch import Elasticsearch
from elasticsearch. helpers import bulk
import platform
import os
```

把整个流程封装成一个类 ProcessIntoES。

```
class ProcessIntoES:
    def __init__(self):
        self._index = "crime_data"
        self.es = Elasticsearch([{"host": "127.0.0.1", "port": 9200}], max_re-
tries = 3, retry_on_timeout = True)
        self.doc_type = "crime"
        if(platform.system() == "Linux"):
            cur = '/'.join(os.path.abspath(__file__).split('/')[:-1])
            self.music_file = os.path.join(cur, 'data/qa_corpus.json')
        elif(platform.system() == 'Windows'):
            cur = os.getcwd() + "\\"
            self.music_file = os.path.join(cur, 'data\\qa_corpus.json')

        else:
            raise "系统不是 Windows 也不是 Linux"
        print("初始化 ProcessIntoES 类完成")

    '''创建 ES 索引,确定分词类型'''
    def create_mapping(self):
        print("开始创建 ES 索引")
        node_mappings = {
            "mappings": {
                self.doc_type: {                   #type
                    "properties": {
                        "question": {          #field: 问题
                            "type": "text",
                            "analyzer": "ik_max_word",
                            "search_analyzer": "ik_smart",
                            "index": "true"
                        },
                        "answers": {    #field: 答案
                            "type": "text",
                            "analyzer": "ik_max_word",
```

```
                              "search_analyzer" : "ik_smart" ,
                              "index" : "true"
                          },
                      }
                  }
              }
          }
      if not self. es. indices. exists( index = self. _index) :
          self. es. indices. create( index = self. _index, body = node_mappings)
          print( "Create { } mapping successfully. ". format( self. _index) )
      else :
          print( "index( { } ) already exists. ". format( self. _index) )
      print( "创建 ES 索引结束" )


      '''批量插入数据'''
      def insert_data_bulk( self, action_list) :
          print( "开始插入数据" )
          success, _ = bulk( self. es, action_list, index = self. _index, raise_on_error = True)
          print( "Performed {0} actions. _: {1}". format( success, _) )
```

  __init__方法中连接上了 ES, 默认端口号是 9200, 并指定了_index 和 doc_type, 其作用
相当于在创建数据库的时候指定数据库的名字和表的名字。

  create_mapping 方法用来创建索引。analyzer 字段的作用:

  1) 插入文档时, 将 text 类型字段做分词, 然后插入倒排索引。

  2) 在查询时, 先对 text 类型输入做分词, 再去倒排索引搜索。

  如果想要"索引"和"查询"使用不同的分词器, 那么只需要在字段上使用 search_
analyzer。这样, 索引只看 analyzer, 查询就看 search_analyzer。

  ik_max_word: 会对文本做最细粒度的拆分。

  ik_smart: 会对文本做最粗粒度的拆分。

  insert_data_bulk 方法用来批量插入数据。action_list 就是每批次要插入的数据。每个 ac-
tion 的格式如下:

```
action = {
            "_index" : pie. _index,
            "_type" : pie. doc_type,
            "_source" : {
                    "question" : item['question'],
                    "answers" : '\n'. join(item['answers']),
                }
        }
```

init_ES 函数是程序的主函数，新建 ProcessIntoES 对象，创建索引，并插入数据。

```
def init_ES():
    pie = ProcessIntoES()
    #创建 ES 的 index
    pie. create_mapping()
    start_time = time. time()
    index = 0
    count = 0
    action_list = []
    BULK_COUNT = 1000    #每 BULK_COUNT 个句子一起插入 ES 中

    for line in open(pie. music_file, encoding = 'utf - 8'):
        if not line:
                continue
        item = json. loads(line)
        print('\n'. join(item['answers']))
        index  + = 1
        action = {
            #'_op_type': 'insert',
            "_index" : pie. _index,
            "_type" : pie. doc_type,
            "_source" : {
                    "question" : item['question'],
```

```
                "answers": '\n'. join(item['answers']),
            }
        }
        action_list. append(action)
        if index > BULK_COUNT:
            pie. insert_data_bulk(action_list = action_list)
            index = 0
            count + = 1
            print(count)
            action_list = [ ]
        end_time = time. time()

        print("Time Cost:{0}". format(end_time - start_time))
if __name__ = = "__main__":
    #将数据插入 ES 中
    init_ES()
```

10.5　能力提升训练——法务咨询机器人

1. 训练目标

本案例我们通过法务问答集构建一个法务咨询机器人，问答集是 json 格式，共 20 万条数据，每条数据包含问题、答案以及该条数据所属的类别。

2. 案例分析

整个案例的流程图如图 10-6 所示，具体流程如下：

1）用户输入想要咨询的问题，首先通过 ES 查找得到相似的问题列表。

2）加载词向量，通过分词，得到问题的句向量表示。

3）遍历问题列表，将问题列表中的每个问题用句向量表示，并依次与用户输入问题的句向量做文本相似度比较，二次筛选。

4）以 ES 的命中问题分值和相似度分值做均值运算，得到最终的分值，取得分最高的问题的答案。

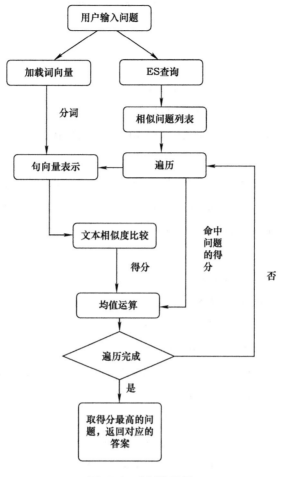

图 10-6　案例流程图

3. 实施步骤

在上一节中已经把数据导入了 ES 中。

首先导入需要的库文件：

```
from elasticsearch import Elasticsearch
import numpy as np
import jieba. posseg as pseg
import platform
import os
```

同样，把整个流程封装到一个类 LawQA 中：

```python
class CrimeQA:
    def __init__(self):
        if (platform.system() == "Linux"):
            self._index = "crime_data"
            self.es = Elasticsearch([{"host": "127.0.0.1", "port": 9200}])
            self.doc_type = "crime"
            cur = '/'.join(os.path.abspath(__file__).split('/')[:-1])
            self.embedding_path = os.path.join(cur, 'embedding/word_vec_300.bin')
            self.embdding_dict = self.load_embedding(self.embedding_path)
            self.embedding_size = 300
            self.min_score = 0.4
            self.min_sim = 0.8
        elif (platform.system() == 'Windows'):
            self._index = "crime_data"
            self.es = Elasticsearch([{"host": "127.0.0.1", "port": 9200}])
            self.doc_type = "crime"
            cur = os.getcwd() + "\\"
            self.embedding_path = os.path.join(cur, 'embedding\\word_vec_300.bin')
            self.embdding_dict = self.load_embedding(self.embedding_path)
            self.embedding_size = 300
            self.min_score = 0.4
            self.min_sim = 0.8

        else:
            raise "系统不是 Linux 也不是 Windows"

    '''根据 question 进行事件的匹配查询'''
    def search_specific(self, value, key="question"):
        query_body = {
            "query": {
                "match": {
                    key: value,
```

```
                    }
                }
            }
        searched = self. es. search( index = self. _index, doc_type = self. doc_type, body
= query_body, size = 20)
        #输出查询到的结果
        print( searched)
        print('- - - - - - - - - - - - -')
        print( searched[ "hits" ][ "hits" ])
        return searched[ "hits" ][ "hits" ]


    '''基于 ES 的问题查询'''
    def search_es( self, question):
        answers = [ ]
        res = self. search_specific( question)
        for hit in res:
            answer_dict = { }
            answer_dict[ 'score'] = hit[ '_score']
            answer_dict[ 'sim_question'] = hit[ '_source'][ 'question']
            answer_dict[ 'answers'] = hit[ '_source'][ 'answers']. split('\n')
            answers. append( answer_dict)
        return answers


    '''加载词向量'''
    def load_embedding( self, embedding_path):
        embedding_dict = { }
        count = 0
        for line in open( embedding_path, encoding = 'utf - 8'):
            line = line. strip(). split(' ')
            if len( line) < 300:
                continue
            wd = line[ 0]
            vector = np. array( [ float( i) for i in line[ 1:] ])
```

```python
                embedding_dict[wd] = vector
                count + = 1
                if count%10000 = = 0:
                    print(count, 'loaded')
        print('loaded %s word embedding, finished'%count, )
        return embedding_dict

    '''对文本进行分词处理'''
    def seg_sent(self, s):
        wds = [i. word for i in pseg. cut(s) if i. flag[0] not in ['x', 'u', 'c', 'p', 'm', 't']]
        return wds


    '''基于 wordvector, 通过 lookup table 的方式找到句子的 wordvector 表示'''
    def rep_sentencevector(self, sentence, flag = 'seg'):
        if flag = = 'seg':
            word_list = [i for i in sentence. split(' ') if i]
        else:
            word_list = self. seg_sent(sentence)
        embedding = np. zeros(self. embedding_size)
        sent_len = 0
        for index, wd in enumerate(word_list):
            if wd in self. embdding_dict:
                embedding + = self. embdding_dict. get(wd)
                sent_len + = 1
            else:
                continue
        return embedding/sent_len

    '''计算问句与库中问句的相似度,对候选结果加以二次筛选'''
    def similarity_cosine(self, vector1, vector2):
        cos1 = np. sum(vector1 * vector2)
        cos21 = np. sqrt(sum(vector1 * *2))
        cos22 = np. sqrt(sum(vector2 * *2))
```

```
            similarity = cos1/float(cos21 * cos22)
            if similarity = = 'nan':
                return 0
            else:
                return    similarity


    '''问答主函数'''
    def search_main(self, question):
        candi_answers = self.search_es(question)
        print(candi_answers)
        question_vector = self.rep_sentencevector(question, flag = 'noseg')
        answer_dict = {}
        for indx, candi in enumerate(candi_answers):
            candi_question = candi['sim_question']

            score = candi['score']/100
            candi_vector = self.rep_sentencevector(candi_question, flag = 'noseg')
            sim = self.similarity_cosine(question_vector, candi_vector)
            if sim < self.min_sim:
                continue
            final_score = (score + sim)/2
            if final_score < self.min_score:
                continue
            answer_dict[indx] = final_score
        if answer_dict:
            answer_dict = sorted(answer_dict.items(), key = lambda asd:asd[1], re-
verse = True)
            #print(type(answer_dict), answer_dict)
            final_answer = candi_answers[answer_dict[0][0]]['answers'][0]
        else:
            final_answer = '您好,对于此类问题,您可以咨询公安部门'
        return final_answer
```

　　__init__ 方法声明了连接 ES 的_index 和 doc_type，与上节导入数据的_index 和 doc_type 保持一致。

　　min_score：设置经 ES 搜索得到的 score 的阈值。

　　min_sim：设置经文本相似度计算得到的阈值。

　　search_specific 和 search_es 方法通过查询用户输入的问题，返回查询到的问题列表。

　　load_embedding 方法加载词向量，将 bin 文件转化为字典格式。

　　seg_sent 方法用来分词，返回分词后的列表。

　　rep_sentencevector 方法通过计算分词后的词列表，如果该词在词向量字典中，则句向量加上该词向量，最后以总和除以命中次数来表示该句子的句量。

　　similarity_cosine 计算文本相似度，这里采用的是余弦相似度的计算方法。

　　search_main 是问答的主函数。

```
if __name__ == "__main__":
    handler = LawQA()
    res = handler. es. search()
    print(res)
    while(1):
        question = input('question:')
        final_answer = handler. search_main(question)
        print('answers:', final_answer)
```

　　运行上述程序，自行查看输出结果。

单元小结

　　本单元学习了如何搭建聊天机器人，包括使用 API 服务搭建的多轮对话机器人，以及使用问答集搭建的检索式问答机器人。对于百度的 UNIT 平台，它内置的技能还有很多，有兴趣的同学可以尝试一下添加其他技能，并集成到一个程序中，让其能自动判断意图。

学习评估

课程名称：聊天机器人			
学习任务：天气查询机器人、法务咨询机器人			
课程性质：理实一体课程		综合得分：	

知识掌握情况评分（40 分）

序号	知识考核点	配分	得分
1	问答型机器人的流程	10	
2	自然语言理解的概念	10	
3	UNIT 平台搭建对话型机器人的流程	20	

工作任务完成情况评分（60 分）

序号	能力操作考核点	配分	得分
1	Elasticsearch 安装和 ik 插件的安装	25	
2	能够调用外部接口实现聊天机器人	35	

课后习题

简述法务咨询机器人的实现流程。

参考文献

[1] 涂铭，刘洋，刘树春 . Python 自然语言处理实战：核心技术与算法 ［M］. 北京：机械工业出版社，2018.

[2] 何晗 . 自然语言处理入门 ［M］. 北京：人民邮电出版社，2019.

[3] JURAFSKY D, MARTIN J H. 自然语言处理综论 ［M］. 冯志伟，孙乐，译 . 北京：电子工业出版社，2005.